U0818488

煤炭高等教育“十四五”规划教材

岩石力学实验实用教程

闫莎莎 陈军涛 王俊 傅颖霞 / 主编

中国矿业大学出版社
· 徐州 ·

内 容 提 要

岩石力学实验是采矿工程、土木工程、水利水电工程、交通工程、地质工程等工程领域专业的必修专业课或专业基础课。本教材基于岩石力学理论，着眼于实验和实践，结合国家现行相关标准编写而成。本教材系统介绍了岩石力学实验的研究意义、岩石力学性质和岩石力学测试等室内常规实验，岩石力学的探索性实验以及软岩力学特性实验。

本教材可作为各类岩体工程领域相关专业本科生的实验教学教材，亦可作为研究生实验操作的参考用书。

图书在版编目(CIP)数据

岩石力学实验实用教程/闫莎莎等主编.—徐州：中国矿业大学出版社，2023.4

ISBN 978-7-5646-5837-3

Ⅰ.①岩… Ⅱ.①闫… Ⅲ.①岩石力学—实验—教材 Ⅳ.①TU45-33

中国国家版本馆CIP数据核字(2023)第089229号

书　　名　岩石力学实验实用教程
主　　编　闫莎莎　陈军涛　王　俊　傅颖霞
责任编辑　何晓明　何　戈
出版发行　中国矿业大学出版社有限责任公司
（江苏省徐州市解放南路　邮编221008）
营销热线　(0516)83885370　83884103
出版服务　(0516)83995789　83884920
网　　址　http://www.cumtp.com　**E-mail**:cumtpvip@cumtp.com
印　　刷　苏州市古得堡数码印刷有限公司
开　　本　787 mm×1092 mm　1/16　**印张** 7.5　**字数** 192千字
版次印次　2023年4月第1版　2023年4月第1次印刷
定　　价　25.00元

（图书出现印装质量问题，本社负责调换）

前 言

岩体工程始终伴随着人类改造自然的发展进程。在工程实践中先人们掌握了一定的岩石力学知识，并留下了举世瞩目的历史工程，如古埃及的金字塔，玛雅文明的金字塔，古巴比伦的“空中花园”，以及我国安徽淠河史上第一座拦河坝、战国时期的都江堰水利工程、战国至秦朝时期的万里长城、隋朝时期的赵州桥等。这些令人叹为观止的世界工程都与岩石力学密切相关，是人类文明历史的瑰宝。

岩石力学实验课程是一门适用于土木工程、采矿工程、交通工程、水利水电工程、地质工程等本科专业的专业实验课程，在工程地质勘察、高坝坝基岩体及拱坝拱座岩体的变形和稳定性、地下硐室围岩变形和地表塌陷、道路桥梁高层建筑地基岩体的变形和稳定性等工程专业实验教学中占有重要地位，是上述工程领域开展研究工作必需的研究手段。相关工程定量评价和计算的数据资料，包括岩石结构面、岩石的物理力学性质指标以及岩体地应力等，都需要通过岩石力学实验获得。

本书编写过程中参考了许多其他相关教材、科学技术标准和规范、科学技术研究论文等，系统优化了本科生岩石力学实验的知识结构体系，补充了相关知识内容。本教材由闫莎莎、陈军涛、王俊和傅颖霞担任主编，通过山东科技大学采矿工程专业岩石力学课程组教师反复讨论，形成了最终的编写大纲。具体编写分工如下：闫莎莎编写前言、第 1 章、第 3 章、第 4 章、第 7 章，陈军涛编写第 5 章，王俊编写第 2 章、第 6 章。闫莎莎、陈军涛负责全书的审核和定稿工作，傅颖霞校核了全书文字。在教材编写过程中，受到山东科技大学矿业工程国家级实验教学示范中心、能源与矿业工程学院的经费资助。在此，谨向参加编写、审查、帮助本教材顺利成稿和顺利出版的单位及人员表示衷心的感谢！

本教材内容按约25学时组织编写。各院校使用时,可以根据自身的教学目标、教学特点和教学学时要求对其中部分内容进行适当取舍。

由于水平所限,书中难免存在疏漏和不妥之处,恳请广大读者批评指正!

编　者

2023年2月

目　录

第1章　绪　论

岩体工程始终伴随着人类改造自然的发展进程。在工程实践中先人们掌握了一定的岩石力学知识，并留下了举世瞩目的历史工程，如古埃及的金字塔，玛雅文明的金字塔，古巴比伦的“空中花园”，以及我国安徽淠河史上第一座拦河坝、战国时期的都江堰水利工程、战国至秦朝时期的万里长城、隋朝时期的赵州桥等。这些令人叹为观止的世界工程都与岩石力学密切相关，是人类文明历史的瑰宝。

岩石力学的理论在我国自古有之，而真正将其作为一门学科提出并加以研究和发展则始于19世纪末20世纪初。岩石力学作为一门学科经历了经验理论阶段(19世纪末—20世纪30年代)、经典理论阶段(20世纪30—60年代)和近代发展阶段(20世纪60年代至今)三个发展阶段。中国近现代岩石力学的研究虽然起步较晚，但有识之士却从未放弃探索、追赶、求真的脚步。特别是在中华人民共和国成立以后，在岩体工程领域更是涌现出了许多的优秀科研工作者！

中国岩石力学领域的科学家

岩石力学实验是岩石力学理论发展的结果，是确定岩石力学参数的必要手段，其实验的研究对象是岩石材料。学习岩石力学实验是研究岩体工程稳定性的基础，岩石力学实验获得的参数对工程设计和安全运营意义重大。

岩石力学实验课程是一门适用于土木工程、采矿工程、交通工程、水利水电工程、地质工程等本科专业的专业实验课程，在工程地质勘察、高坝坝基岩体及拱坝拱座岩体的变形和稳定性、地下硐室围岩变形和地表塌陷、道路桥梁高层建筑地基岩体的变形和稳定性等工程专业实验教学中占有重要地位，是上述工程领域开展研究工作必需的研究手段。相关工程定量评价和计算的数据资料，包括岩石结构面、岩石的物理力学性质指标以及岩体地应力等，都需要通过岩石力学实验获得。

1.1　岩石力学实验的分类

岩石力学实验主要分为岩石室内实验和原位测试实验。岩石室内实验是在实验室里用一定规格的岩石试样进行实验，测得岩石物理和力学性能指标，使用广泛且技术较成熟。所应用的岩石试样是在钻孔中获取的岩芯或在工程中爆破以及用其他方法获得的岩块经加工而制成的。这种方法所采集的标本仅仅是自然地质体中的岩石小块，称为岩块。岩块就成了相应岩石的代表。我们平时所称的岩石，一定程度上指的都是岩块。岩石室内实验虽应用较广，但用于实验的岩石试样与实际环境脱离，尺寸又比较小，因此一般大型或重大工程在岩石室内实验的基础上要进行一定数量的大型岩体原位测试，以便与室内实验相互配合，经济合理地取得可应用的参数。岩体原位测试实验是指在现场制备试件，模拟工程作用对岩体施加外荷载，进而求取岩体力学参数。岩体原位测试实验最大的优点是对岩体扰动小，尽可能地保持了岩体的天然结构和环境状态，使测出的岩体力学参数直观、准确；缺点是实验设备笨重、操作复杂、工期长、费用高。

1.2 岩石力学实验的内容及研究方法

1.2.1 实验内容

根据本科生岩石力学实验的学习特点，本书中岩石力学实验的内容可分为岩石试样制备、岩石物理性质实验、岩石力学性质实验、岩体力学性质测试、探索性实验和软岩力学特性实验。其中，岩石试样制备、岩石物理性质参数和力学性质参数在室内完成实验测定。岩石物理性质实验主要测定指标及常用测定方法见表 1-1。岩石力学性质主要测试指标及常用测定方法见表 1-2。岩体力学性质测试一般通过岩体原位测试实验实现，主要测试指标及常用测定方法见表 1-3。此外，还有一些特殊的物理或力学指标，如软岩的胀缩性、岩体流变性、动力学性质和岩体渗透性等的测试。

表 1-1 岩石物理性质实验主要测定指标及常用测定方法

测定指标	测定方法
岩石密度	比重瓶法
颗粒密度和相对密度	量积法或封蜡法
孔隙率	压汞仪法
天然含水率、吸水率与饱和吸水率	称量法、烘干法、煮沸法或真空抽气法
渗透系数(渗透性)	岩石渗透仪法
膨胀性	自由膨胀实验仪和侧向约束膨胀实验仪
抗冻性	冻融实验

表 1-2 岩石力学性质主要测试指标及常用测定方法

测试指标	测定方法
岩石静力变形参数(静力变形性质)	电阻应变仪法
单轴抗压强度	单轴抗压实验
单轴抗拉强度	劈裂法或直接拉伸法
剪切强度	变角板法、双面(或单面)剪切法
抗折强度(也称弯曲强度)	三点弯曲法
点荷载强度	点荷载法
结构面剪切强度	便携式剪切仪法(结构面剪切)
三轴抗压强度	三轴压力实验
单轴压缩流变特性	单轴压缩流变实验

表 1-3 岩体力学性质主要测试指标及常用测定方法

测试指标	测定方法
岩体承载力及变形特征	岩体变形实验(承压板法)
岩体抗剪强度	岩体直剪实验
岩体地应力测量	水压致裂法或钻孔套芯应力解除法
岩体参数声波测量	声发射法

1.2.2 研究方法

研究岩石力学性质的方法按性质大致可分为直接法、间接法和比拟法三大类。直接法是直接测定岩块或岩体变形的方法,如岩石的单轴抗压强度测定方法。间接法用于当岩块受力发生变形时,除了岩石力学参数发生变化,其他物理量也发生相应变化的情况,如声发射法。比拟法是运用物理现象与微分方程的相似性而建立的应力分析法,如数值模拟。

1.3 岩石力学实验课的基本程序

岩石力学实验课所涉及的实验内容多数是测定某一参数的数值,也有研究某些参数间的关系或一参数随另一参数变化的规律。为保证课堂质量和学习效果,实验课的基本程序分为如下三个阶段。

1.3.1 实验课前预习

由于实验课的时间有限,而熟悉仪器和测量实验数据的任务一般又比较重,所以学生在实验课前应预习实验原理。如果不了解实验原理,实验时就不知道要研究什么问题,测量哪些参数,也不了解会出现什么现象,只能机械地按教材列出的实验步骤进行操作,离开教材就不知道怎样动手。这种方式虽然可得到实验数据,却不了解它的岩石力学意义,也不会根据所测数据去推断或分析实验的最后结果。因此,为了在规定时间内高质量地完成实验课任务,学生应当做好实验课前的预习工作。

(1) 预习的要求

以理解实验原理和熟悉实验仪器、注意事项为主,了解实验的力学过程和应观察的力学现象,以便及时、迅速、准确地获得待测数据。为保证测量数据清楚、不漏测数据,预习时应根据实验要求提前做好实验表格,表格上应标明文字符号所代表的力学参数的意义及单位,并确定测量次数。

(2) 完成预习报告

预习报告的内容应包括实验名称、实验目的、实验原理,具体要求见实验报告要求。

1.3.2 开展实验

实验操作前认真听实验教师讲解重点和难点,掌握仪器的使用方法和操作规程,然后将仪器安装调试好。每次实验测定的数据应立即记录在数据表格中。要根据仪器仪表的最小量程、最小刻度或准确度等级确定实验数据的有效数字位数。当多名学生合作完成一个实验时要根据实验任务做好分工，以达到预期实验要求。所测实验数据未经重新测量时不允许修改。

1.3.3 撰写实验报告

实验报告是实验工作的全面总结，要用简明的形式将实验结果完整而又真实地表达出来。撰写实验报告时，要求文字通顺、字迹工整、图表规矩、结果正确、讨论深刻。一份完整的实验报告应包括下列五部分：

① 实验名称。

② 实验目的。

③ 实验原理。在理解原理的基础上用自己的语言简要地叙述清楚，包括画原理图、实验装置示意图，列出实验测定所依据的主要公式及主要推导过程，公式中各参数的力学意义及单位，公式成立应满足的实验条件等。

④ 实验仪器及规格。记录实验所用仪器设备的名称、型号和规格。

⑤ 数据记录与处理。实验数据记录及处理包括两方面的内容：一是确定实验结果和实验结果的误差范围或不确定度；二是找出影响实验结果的主要因素，从而采取相应的措施，如合理选择仪器实现最有利的测量条件，以减小误差。表达实验结果时，根据各实验的不同要求，一般有两种表达方法，一是用测量值 $\overline{A}$ 、绝对误差 ΔA 和相对误差 E 表示：

$$A=\overline{A}\pm\Delta A \tag{1-1}$$

$$E=\frac{\Delta A}{\overline{A}}\times 100\% \tag{1-2}$$

二是用不确定度 U 表示：

$$A=\overline{A}\pm U \tag{1-3}$$

1.4 误差与数据处理

岩石力学实验的任务不仅是要定性观察岩石在受力情况下的受力现象，更重要的是定量测试岩石力学性质参数，而测量过程中必然会产生误差。因此，误差理论和数据处理是实验的基础，也是学生今后开展科研工作必备的基本素质之一。

研究误差的目的：一是在一定条件下尽量减小误差，保证实验的质量；二是根据误差理论合理地设计和组织实验；三是根据误差理论准确地评价测量结果中所包含误差的大小，以便更好地应用测量数据。

由于误差理论与数据处理是一门以数理统计和概率论为基础的独立学科，因此对于已进入大学二年级或三年级非数学专业的学生，内容难度较大，此处仅介绍实验中常用的误差理论与数据处理的基础知识，重点在于如何应用，而不是进行严密的数学推导和论证，以便学生学好本门课程。

1.4.1　测量误差

岩石力学实验是以岩石试样为研究对象的，开展的各种实验是以测量岩石试样的几何参数、质量参数和力学参数为基础的。测量可以分为直接测量和间接测量。直接测量是指无须对被测的量与其他实测的量进行函数关系计算而直接测出的量，如岩石试样的直径、长、宽、高、质量等都是直接测量的量。间接测量是指利用直接测量的量与被测量之间已知的函数关系，从而得到该被测量的量，如岩石的块体密度、颗粒密度、抗压强度等都是间接测量的量。

对某一待测量多次测量时，即使每次测量的条件相同，即测量仪器、方法、环境和操作人员不变，测得的数据结果也并不完全相同，但没有理由认为某一次测量更精确，只能认为测量的精确程度是相同的，称为等精度测量。在岩石力学实验中，要求多次测量的参数均是等精度测量，因此有关测量误差与数据处理的讨论也都是以等精度测量为前提的。

误差就是测量值 A 与真值 A_0 之差，用 ΔA 来表示，即：

$$\Delta A = A - A_0 \tag{1-4}$$

误差的大小反映了测量结果的准确程度，测量误差常用相对误差 E 来表示，见式(1-2)。测量误差根据其性质和来源可分为系统误差和随机误差两大类。

(1) 系统误差

系统误差是指多次测量同一物理量时，保持不变或以可预知方式变化的测量误差分量。系统误差主要有以下几方面的来源：

① 仪器自身的缺陷，如天平的水平未调整、仪器零点位置不正确等。

② 实验理论近似性或实验方法不完善，如用封蜡法测量岩石试样的块体密度时，蜡的密度取 $\rho=0.92\ \text{g/cm}^3$ 带来的误差等。

③ 环境的影响或没有按规定的条件使用仪器，如煮沸法或抽气排气法排除比重瓶重气体时，加热沸腾或抽气时间少于 1 h，若未达到规定时间，则比重瓶内的气体可能未完全排除，引入了系统误差。

④ 操作者的操作习惯。

发现并减小系统误差通常是一项困难的任务，需要对实验所依据的原理、方法、仪器和步骤等可能引起误差的各种因素进行分析。实验结果是否正确往往在于系统误差是否已被发现和尽可能消除，因此对系统误差不能轻易放过。

(2) 随机误差

随机误差也称为偶然误差和不定误差，是由于在测定过程中一系列有关因素微小的随机波动而形成的具有相互抵偿性的误差。其产生的原因分为以下两个方面：

① 分析过程中种种不稳定随机因素的影响，如室温、相对湿度和气压等环境条件的不稳定。

② 分析人员操作的微小差异以及仪器的不稳定等。

随机误差的大小和正负都不固定，但多次测量就会发现，绝对值相同的正负随机误差出现的概率大致相等，因此它们之间常能互相抵消，所以可以通过增加平行测定的次数取平均值的办法减小随机误差。

需要注意的是，即使测试系统的灵敏度足够高，在相同的测量条件下，对同一测量量进行多次等精度测量时，仍会有各种偶然的、无法预测的不确定因素干扰而产生测量误差，其绝对值和符号均不可预知。虽然单次测量的随机误差没有规律，但多次测量的总体却服从统计规律，通过对测量数据的统计处理，能在理论上估计对测量结果的影响。随机误差不能用修正或采取某种技术措施的办法来消除，只能是尽可能地减小随机误差的大小。

1.4.2 随机误差的处理

(1) 正态分布规律

随机误差的来源和性质不同，其处理也不同。随机误差分布规律有正态分布、t 分布、三角分布和均匀分布等，但测量值大多数都服从正态分布，在此主要以正态分布进行介绍。

随机误差正态分布曲线如图 1-1 所示，图中横坐标表示误差 ΔA，纵坐标表示误差的概率 $f(\Delta A)$。由概率论方法可推导出：

$$f(\Delta A)=\frac{1}{\sigma\sqrt{2\pi}}\mathrm{e}^{-\frac{\Delta A^2}{2\sigma^2}} \tag{1-5}$$

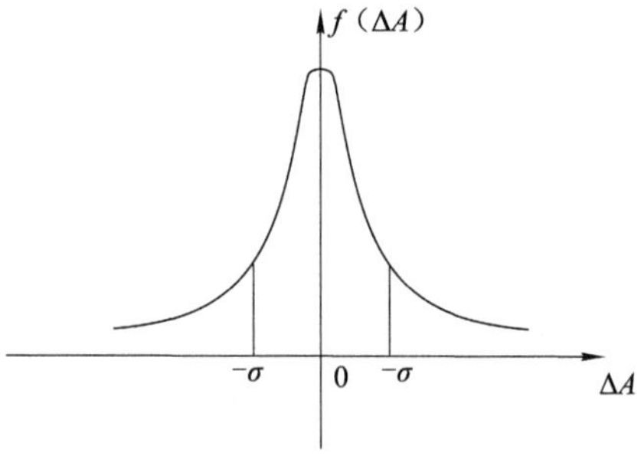

图 1-1 随机误差正态分布

式(1-5)中，σ 按如下方法计算：

$$\sigma=\sqrt{\frac{\sum \Delta A_i^2}{n}}\quad (n\rightarrow\infty) \tag{1-6}$$

式中，σ 称为标准误差；n 为测量次数。

由图 1-1 可以看出，服从正态分布的随机误差具有以下特点：

① 对称性。绝对误差相等的正误差和负误差出现的次数相等。

② 单峰性。绝对值小的误差比绝对值大的误差出现的次数多。

③ 有界性。在一定的测量条件下，随机误差的绝对值不会超过一定界限。

④ 抵偿性。随着测量次数的增加，随机误差的算术平均值趋于零。

(2) 算术平均值

对于多次测量结果，计算算术平均值是获得测量结果最佳值的有效方法。算术平均值又称均值，是统计学中最基本、最常用的一种平均指标，分为简单算术平均值、加权算术平均值。算术平均值是加权平均数的一种特殊形式，特殊在各项的权重相等。当各项权重不相等时，计算平均值时就要采用加权平均值；当各项权重相等时，计算平均值就要采用算术平均值。本课程的实验数据处理中用到的是简单算术平均值，下面就简单算术平均值进行介绍。除非有特殊说明，后面所涉及的算术平均值均认为是简单算术平均值。

设对某一岩石力学参数进行直接多次测量，测量值分别为 $x_1, x_2, x_3, \cdots, x_n$，各次测量值的随机误差为 $\Delta x_i = x_i - x_0$。将随机误差相加得：

$$\sum_{i=1}^{n} \Delta x_i = \sum_{i=1}^{n} (x_i - x_0) = \sum_{i=1}^{n} x_i - n x_0 \tag{1-7}$$

两边同时除以 n 得：

$$\frac{1}{n}\sum_{i=1}^{n} \Delta x_i = \frac{1}{n}\sum_{i=1}^{n} (x_i - x_0) = \bar{x} - x_0 \tag{1-8}$$

根据随机误差的抵偿特点，$\lim\limits_{n\to\infty} \frac{1}{n}\sum\limits_{i=1}^{n} \Delta x_i = 0$，所以当测量次数 n 足够多时，算术平均值 $\bar{x}$ 是真值的最佳值。当 n 有限时，假设用最佳值 $\bar{x}$ 代替真值 x_0，由最小二乘法原理可知各测量值 x_i 与最佳值 $\bar{x}$ 之间的偏差平方和最小，进而推导出测量值的算术平均值是真值 x_0 的最佳值，即近真值。

(3) 标准误差

根据式(1-6)可知，σ 就是标准误差，也称均方根，表示随机误差的大小。从正态分布函数图像上看，任一次测量随机误差落在 $\pm\sigma$ 区间内的概率为 68%，那么区间$(-\sigma, +\sigma)$称为置信区间，相应的概率称为置信概率(P)。显然置信区间扩大，则置信概率提高。当置信区间取$(-2\sigma, +2\sigma)$、$(-3\sigma, +3\sigma)$时，对应的置信概率 $P(2\sigma) = 95.4\%$，$P(3\sigma) = 99.7\%$。其中，3σ 定义为极限误差，一般可作为可疑值取舍的判定标准。

(4) 标准偏差

标准偏差是一种度量数据分布分散程度的标准，用来衡量数据值偏离算术平均值的程度，标准偏差越小，这些值偏离平均值就越少。在有限次测量中可用各次测量值与算术平均值之差——偏差 $\Delta x'_i = x_i - \bar{x}$ 代替误差 Δx_i 来估算有限次测量中的标准误差，得到的就是单次测量的标准偏差，用 S_x 来表示。根据标准偏差的定义和计算方法可知，S_x 只是 σ 的一个估算值，按式(1-9)计算：

$$S_x = \sqrt{\frac{\sum\limits_{i=1}^{n} (x_i - \bar{x})^2}{n-1}} \tag{1-9}$$

式(1-9)被称为贝塞尔公式，可由误差理论证明。与标准误差同理可知，按 $\Delta x'_i$ 计算的极限误差 $\delta_x = 3S_x$。平均值的标准偏差是测量中单次测量标准偏差的 $\frac{1}{\sqrt{n}}$。

1.4.3 实验数据处理方法

实验数据处理是指从获得数据开始到得出最后结论的整个加工过程，包括数据记录、整理、计算、绘制图表和分析等。数据处理是实验的重要环节，这里介绍一些常用的实验数据处理方法。

(1) 列表法

对一个多次监测的力学参数或研究几个参数之间的关系时，常需要借助列表法把实验数据列成表格，这样可以使大量数据表达清晰、条理化，易于检查数据和发现问题，避免差错，同时有助于反映出各参数之间的对应关系。列表时应注意以下四点：

① 列表表头中应注明所记录参数的名称(符号)和单位。

② 应充分注意数据间的联系和计算顺序,力求齐全、有条理。

③ 表中原始测量数据应按要求保留有效数字,数据不应随便涂改,确实要修改数据时,应将原来的数据做标记以备随时检查。

④ 对有函数关系的数据表格,应按自变量由小到大或由大到小的顺序排列。

(2) 图解法

图解法是将两列或几列数据之间的关系用图线表示出来。当实验产生大量数据时,这些数据之间的相互关系并不直观,仅通过列表观察难以把握它们之间的规律。通过作图能有效帮助实验者形象地"查到"数据间的联系,从而更有效地进行分析处理。

当数据量较少时,学生可以采用手画作图。制作一幅完整、正确的图线,基本步骤包括:

① 图纸的选择。手画作图必须用坐标纸,根据函数关系选择适当的坐标纸和比例,画出坐标轴,标明参数符号、单位和刻度值,并写明实验条件。直线是最容易绘制的图线,所以在已知函数关系的情况下,作图时最好通过适当的变换将某种函数关系的曲线改为线性函数的直线。

② 确定坐标比例与标度。合理选择坐标比例是作图法的关键所在,坐标比例是指坐标轴上单位长度所代表的力学参数大小。确定自变量和因变量后,以自变量为横坐标、因变量为纵坐标绘制坐标系。坐标系中对应坐标轴代表参数的物理意义和单位应标注好。

③ 描点和连线。根据测量数据,用直尺和笔尖使其函数对应的实验数据点准确地落在相应位置。点连线时要使曲线尽量光滑、直线尽量平直,使数据点均匀地分布在曲线(或直线)两侧,且尽量贴近。个别偏离过大的点,属过失误差的应剔除。

④ 标注图名。对作好的曲线图应在下方标注好图名。

⑤ 最后将作好的图纸贴在实验报告的适当位置,以便实验教师批阅。当数据量较大时,可以借助专业软件如 Excel、Origin、MATLAB 等,充分利用几何的点、线、面、体及色彩的描绘,把所研究对象的内部结构、相互关系比情况等方面的数据资料绘制成整齐简明的图形。作图法主要有曲线图(图 1-2)、散点图、示意图(图 1-3)、云图(图 1-4)、玫瑰图(图 1-5)等。

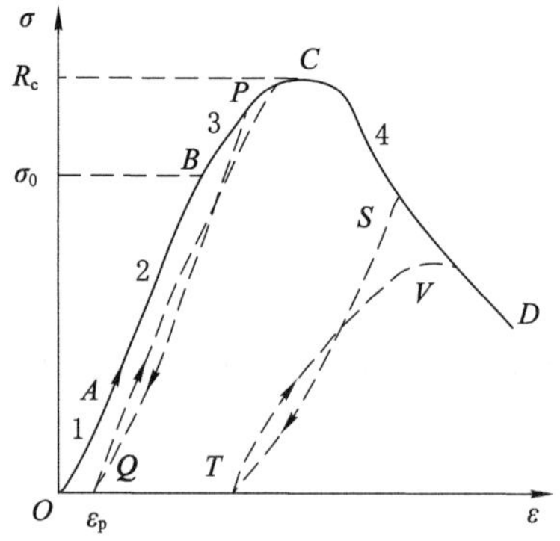

图 1-2 岩石应力-应变曲线图

(3) 函数法

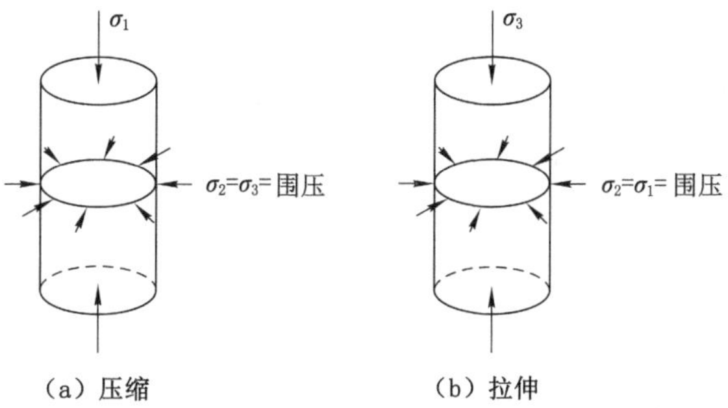

图 1-3　三轴应力条件下压缩和拉伸实验时岩石试样主应力示意图

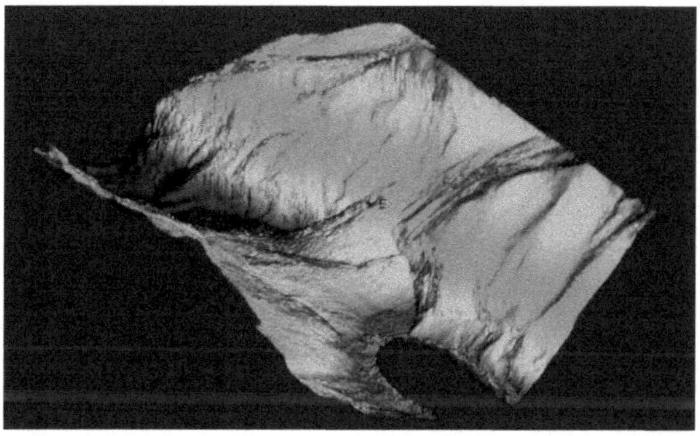

图 1-4　岩体受力云图

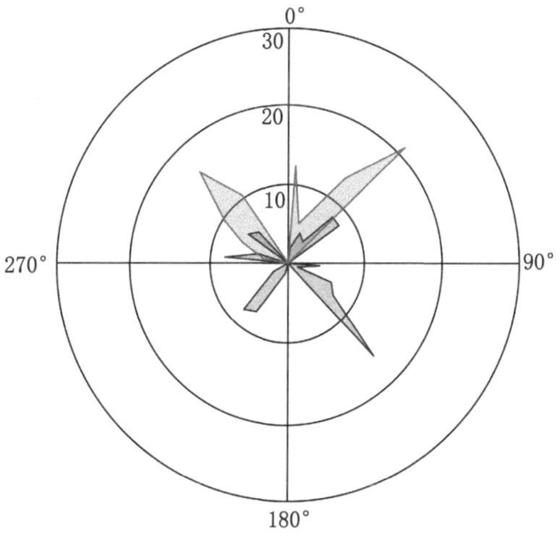

图 1-5　岩石节理走向玫瑰图

在科技研究中为表示一批实验数据内在的联系，常需要用方程或经验公式来表示，就是根据实验数据作好的图线，用解析法找出相应的函数形式。函数法是在列表和图示的基础上进行的，要求公式形式既简单又能准确代表各变量之间的关系。一般步骤如下：

① 进行数据处理，计算算术平均值或加权算术平均值。

② 作出实验数据的对应曲线。

③ 根据曲线确定公式的形式，如果难以判断公式形式就采用多项式。

④ 确定公式中的常数，对于直线和简单曲线一般采用图解法，对复杂曲线一般采用最小二乘法。

⑤ 检验。

第 2 章　岩石取样及制备

2.1　岩石取样

岩石取芯虚拟仿真实验

实验目的

熟悉岩石取样操作，掌握岩石取样方法与步骤，明确采样规格及数量。

实验原理

1. 采样基本要求

① 采样前应提取采样地点的地质综合柱状图，了解清楚采样地点的地层结构。

② 研究某一局部地点的煤或岩石性质时，应在所研究地点附近寻找具有代表性的采样点采样。按照 GB/T 19222—2003 的规定，常规煤样、岩样采样点应避开岩浆岩体侵入区、蚀变区、风化带、冲蚀带、断层破碎带及其影响区域等地段。煤样、岩样采样前应清理煤岩壁，使表面新鲜、平整。

③ 在研究较大范围内的煤岩性质时，应根据岩性变化情况，分别在几个具有代表性的采样点采样。

④ 当沿岩层厚度方向上岩性变化较大时，应分别在上、中、下不同层位采样。

⑤ 每一组煤样、岩样应采自岩性相同的同一层位与同一方向。

⑥ 对岩性变化很大的岩层，不应将在不同地点和不同层位采取的煤样、岩样编为一组。

⑦ 尽量不采用爆破方法采样。如只能用爆破方法采样，应降低炮眼装药量，采取合理的炮眼布置方式，以达到减少或防止人为裂隙的产生。

⑧ 对部分特殊实验的采样，应根据实验规定提出相应的要求。

2. 采样技术要求

(1) 煤层采样

根据实验要求及煤层厚度分层采样，煤层厚度 3.5 m 以下采一组煤样；煤层厚度 3.5～5.0 m 之间采两组煤样，一组靠近煤层顶板，另一组靠近煤层底板；煤层厚度 5.0～10.0 m 之间，可分上、中、下采三组煤样；煤层厚度 10.0 m 以上，可根据煤层厚度分更多层采样或用钻机采样。

(2) 岩层采样

① 如采样目的是测定岩层常规物理力学性质,应采煤层直接顶、基本顶和底板的岩样。

② 如采样目的是测定岩层冲击倾向性,应在煤层顶板或底板 30 m 以内的岩层中分别以不同岩性、单层厚度大于 2 m 的各分层为一组,采各分层的岩样。

③ 煤层底板可只采一组岩样。如有厚度小于 1.0 m 的伪底,除采此伪底层外,还应采其下方另一组不同岩性的底板岩样。

④ 如煤层中有夹矸层,应根据夹矸层的厚度、岩性及对煤层开采影响的程度,酌情采取各夹矸层的岩样。

实验仪器

1. 设备工具

采样设备和工具包括煤电钻(图 2-1)、风镐、地质钻机(钻取煤、岩芯)、切割锯。

图 2-1　煤电钻

2. 包装器材

实验样品的包装器材如下:

① 具有一定厚度及强度的塑料布、宽胶带。

② 容器、石蜡。

③ 木屑、泡沫塑料、木箱。

实验内容与步骤

表 2-1 中列出了各项实验所需标准试样尺寸与最低数量。下面介绍煤样、岩样、弯曲强度样品等的采样规格及数量。

1. 采样规格及数量

① 煤样每组 7 块,岩样每组 4 块。所采的煤样、岩样的规格大体为 25 cm×25 cm×20 cm,其高度方位应垂直于煤、岩层的层理面。所采煤样、岩样不应有明显裂隙。

② 如煤体强度较低、解理和裂隙发育或为软岩采不出上述大块煤样、岩样,可采较小煤样、岩样,其最小尺寸应大于 15 cm×15 cm×15 cm,并相应增加煤样、岩样数量。

表 2-1　各项实验所需标准试样尺寸与最低数量

序号	测定项目	标准试样尺寸/cm	标准试样最低数量	备注
1	真密度	岩粉	300 g	可用测块体密度的试样粉碎
2	单轴抗压强度	直径 5,高 10	3 个	每个煤样、岩样尺寸不小于 15 cm，在煤(岩)层的上、中、下部位采取，其中抗拉强度试样尺寸仅适用于巴西实验法
3	静力变形参数	直径 5,高 10	3 个	
4	抗拉强度	直径 5,高 2.5	5 个	
5	抗剪实验(变角法)	直径 5,高 5.0	16 个	
6	抗剪强度	直径 2.5,高 12	3 个	
7	三轴实验	直径 5,高 10	5 个	
8	煤冲击倾向性鉴定	直径 5,高 10	15 个	
9	坚固性系数	煤块	6 个	
10	膨胀率	高 2,径高比≥2.5	3 个	
11	弯曲强度	直径 2.5,长 12	5 个	试件长轴平行岩层层面
12	膨胀应力	高 2,径高比≥2.5	3 个	
13	耐崩解性	大致为球形,40～50 g	10 个	
14	点荷载强度	直径 5,高径比 0.8～1.4	5～10 个	规则实验
		双点间距 3～5	15～20 个	不规则实验

③ 每组煤样或岩样的数量,应满足试样制备的需要,按要求测定的项目确定。各项实验所需标准试样尺寸与最低数量见表 2-1。考虑到加工中的损耗以及试样偏离度大于 20%时数量应适当增多,采样时一般应按表 2-1 中所列数量的 2 倍采取。对于软岩,采样数量不应少于所列数量的 3 倍。

2. 试块采样

(1) 单一薄及中厚煤层采样

在单一薄及中厚煤层中可在回采、掘进工作面选取新冒落、没有裂隙并能辨别清楚层位的煤(岩)块作为试样。

(2) 巷道采样

在新掘出的穿层巷道或石门中可用煤电钻或风镐采取;在老巷道采样,应掘侧端巷或用钻机采取煤(岩)样。

3. 钻取岩芯采样

① 用地质钻机采样时,至少打两个钻孔,取两组岩芯。

② 钻孔应尽量垂直于岩层层理面钻进,倾斜度应小于 5°,并标明所取岩样与层理面的倾角。如偏斜角较大,应加大所取岩芯直径。

③ 钻取岩芯的直径宜大于 70 mm。

④ 如取样目的为测定岩层的冲击倾向性,应根据地质综合柱状图在煤层顶板 30 m 以内深度的岩层中分别取不同岩层的岩样。

4. 弯曲强度样品采样

在做岩层冲击倾向性测定实验中，应测试该岩层的弯曲强度，要求试件的长轴平行于岩层层面，最好采取岩块做试件。如用钻机取样，应平行于岩层层面钻取岩芯，其直径应大于50 mm。在巷道或采煤工作面应将岩芯直径加大到12～15 cm。

数据记录与处理

1. 采样记录

采样时设专人做煤样、岩样描述记录与编号工作。描述采集岩样的地质特征，包括节理、层理、裂隙、破碎程度等；记录采样地点、采样日期、采样方法等内容，见表2-2。在记录中，煤样、岩样的编号应与煤样、岩样一一对应。

表2-2　采样记录说明书

采样单位：　　　　　　　　　　记录日期：　　　　　　　　　　记录人：

采样点编号	煤岩名称	采样日期	采样方法	位置	地质年代及简要地质说明	煤(岩)层产状要素	岩性描述	备注

注：1. 位置包括矿井、巷道或工作面、采样点坐标等。

2. 简要地质说明包括采样地点及其附近地质构造、裂隙、节理情况、含水状态等。

3. 岩性描述主要包括岩石主要成分、颜色、颗粒、胶结物、煤(岩)层沿厚度岩性变化情况等。

2. 采样编号

采样后应用红油漆对煤(岩)样进行编号,编号方式可采用$\left(\frac{i-x-n}{y}\right)$标记,其中分母数字表示该试样取自地质柱状图中煤层组号。分子上的第一个数字 i 表示第几个采样地点,可取1,2,3…;第二个字母 x 可取R、F、C、M,R表示煤层顶板、F表示煤层底板、C表示煤层、M表示煤层夹矸;第三个数字 n 表示自上而下的分层层数。

例如,编号为$\frac{2-\mathrm{R}-3}{4}$的试样,分母数字4表明试样采自地质柱状图中的4号煤层;分子上的第一个数字2表明试样采自第二个采样地点,分子上的字母R表明试样采自煤层顶板,分子上的第二个数字3表明试样采自该煤层顶板自上而下的第三个分层(其上已采了两个顶板分层)。

3. 层理方位标记

用红漆在煤(岩)样上涂写箭头符号标明层理方向,箭头指向为垂直于层理向上,如图2-2所示。

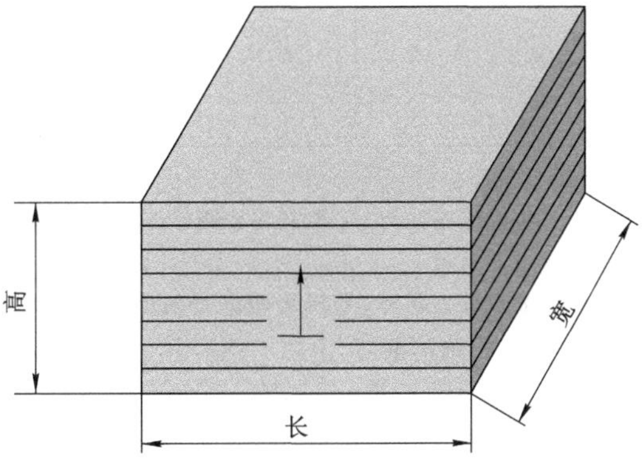

图2-2　采集的煤样、岩样规格及标记示意图

4. 封固与装箱

(1) 封固

① 包装:采得的煤样、岩样应在井下采样点立即用塑料布包好,按步骤2中的要求进行编号,标明该煤样、岩样的特征,将说明卡片放入塑料包装内,外边用宽胶带将其捆扎紧,起密封煤样、岩样的作用。塑料布应有足够的强度与厚度,如没有合适大小的塑料布,可用多层塑料布包裹煤样、岩样。

② 浸蜡:宜尽快将包装好的煤样、岩样运到包装点,并立即浸蜡整体封固。

(2) 装箱

煤样、岩样包装密封后,应用人工或专人专车运至地面指定地点,装入木箱。木箱四周及上下应用木屑或泡沫塑料填实,用封装带扎紧,写明编号。装箱时填写"煤样、岩样送验单"(见表2-3)及"煤样、岩样装箱编号对照表"(见表2-4),各一式两份,一份随箱寄送,一份单位留底。木箱尺寸不宜过大,一般为50 cm×50 cm×40 cm。

表 2-3　煤样、岩样送验单

采样单位：　　　　　　　　　　　记录日期：　　　　　　　　　　　记录人：

柱状图	层次	累厚/m	层厚/m	煤岩名称	采样深度(距地表　m至　m)	岩芯总长度/cm	分段编号	分段长度/cm	煤(岩)样编号	实验目的和要求	备注
1	2	3	4	5	6	7	8	9	10	11	12

注：1.“柱状图”中应作出详细分层。

2. 非钻孔采样时，本表 1、3、7 三栏取消，8 改为岩(煤)样块数编号，9 改为岩(煤)样规格。

表 2-4　煤样、岩样装箱编号对照表

采样单位：　　　　　　　　　　　记录日期：　　　　　　　　　　　记录人：

序号	木箱编号	所装煤(岩)样			备注
		煤(岩)样名称	煤(岩)样编号	封固情况	

5. 煤样、岩样后处理工作

① 试样在装箱和运输过程中，应采取防护措施避免试样损坏。

② 试样采好后，应尽快运至实验室进行实验，进行登记、验收，妥善储存。

③ 实验单位制备试件剩余的大块煤样、岩样，自实验结果提交委托单位之日起保存 20 天。

④ “采样记录说明书”及“煤样、岩样送验单”等应与实验原始记录及结果一并归档，作为长期资料保存。

注意事项

① 选取有代表性的采样点采样。采样标准按照 GB/T 19222—2003 的相关规定执行。

② 取样仪器的使用必须符合规定，避免意外情况的发生。

③ 各采样点采取的试样必须一一对应并详细记录。

④ 运输过程中必须采取相关的防护措施，避免运输过程中试样损坏。

思考题

1. 试述煤层采样与岩层采样的主要区别。

2. 钻取岩芯采样应注意哪些事项？

2.2　岩石力学试样制备

实验目的

制作岩石力学实验标准试件，满足室内岩石力学实验的准备工作。

实验仪器

取芯机、切石机、磨石机或其他制样设备，如图 2-3 所示。

实验内容与步骤

1. 标准试件规格

(1) 单轴压缩

标准试件宜采用直径为50^{+5}_{-2} mm 的圆柱体，高径比为 2±0.2，高径比小于 2 时应考虑对实验结果的影响。若没有条件加工圆柱体试件时，可采用 50 mm×50 mm×100 mm 的方柱体。对于砾岩等特大颗粒岩石，试件尺寸应放大，其直径应大于岩石最大颗粒尺寸的 10 倍，高径比保持为 2±0.2。由于特殊原因(如岩石松软)不能制取标准试件时，应在实验结果中加以说明。

(2) 巴西劈裂

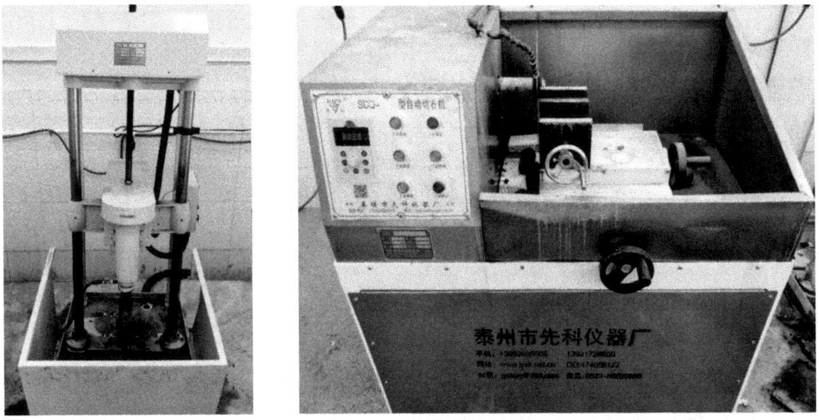

取芯机　　　　切磨一体机

图 2-3　取芯机和切磨一体机

标准试件宜采用直径为50^{+4}_{-2} mm 的圆柱体，厚度宜为直径的 25%～75%。试件内的最大颗粒应小于直径的 1/10。

2. 加工精度及检查方法

① 试件两端面不平行度应小于 0.05 mm。把试件放在水平检测台上，边移动边用百分表测定试件的高度，其最大值和最小值的偏差应控制在 0.05 mm 以内。把试件上、下颠倒，重复以上操作。其检查方法如图 2-4 所示。

② 试件上、下端直径偏差不应大于 0.3 mm。

③ 试件表面应光滑，并应避免因不规则表面而产生应力集中现象。

④ 将试件立放在水平检测台上，用万能角度尺紧贴试件垂直侧边，测定其轴向偏斜角度，最大值应小于 0.25°，如图 2-5 所示。

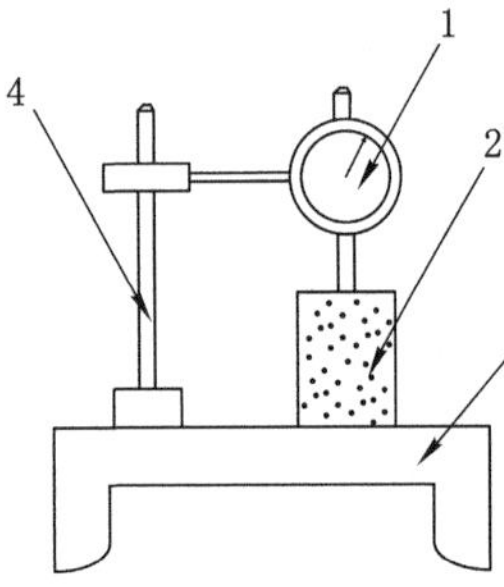

1—百分表；2—岩石试件；

3—水平检测台；4—百分表架。

图 2-4　试件端面不平行度检查方法

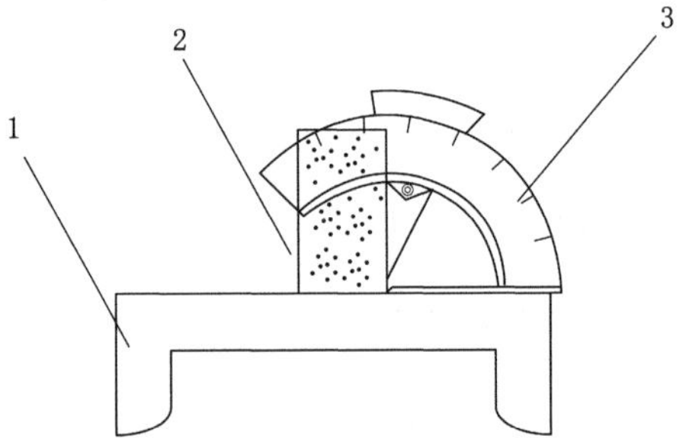

1—水平检测台；2—岩石试件；

3—万能角度尺。

图 2-5　试件轴向偏差检查方法

3. 试件数量

每种状态下同一层煤或岩石试件的数量不应少于 3 个(巴西劈裂不少于 5 个)。

4. 试件含水状态

测定时可根据需要，选择下列各种含水状态的试件：

① 自然含水状态：试件制备后，室温条件下放在底部有水的干燥器内 1～2 天，以保持一定的湿度，但试件不应接触水面。

② 干燥状态：将试件在 105～110 ℃温度下干燥 24 h。

③ 饱和水状态：按照 GB/T 23561.3—2009 中相关要求进行水饱和处理。

④ 其他含水状态按委托单位的要求确定，但在实验报告中应加以说明。

数据记录与处理

按表 2-5 中的要求进行实验数据记录与处理。

表 2-5　煤样、岩样试件加工表

采样单位：　　　　　　　　　记录日期：　　　　　　　　　记录人：

取芯层位	试样标号	直径/mm	高度/mm	质量/g	备注

注意事项

① 根据所要进行的实验，选取标准试件的尺寸进行加工。

② 加工试件时注意端面平整度检查，如不符合要求，应及时调整或重新加工。

③ 根据实验要求，选择试件的含水状态。

思考题

1. 请讲述试件加工精度的检查方法。
2. 试件含水状态分为哪几类？

第 3 章　岩石物理性质实验

3.1　岩石密度测定

岩石密度是岩石试样质量与试样体积之比，分为块体密度和颗粒密度。岩石块体密度是指岩块单位体积的质量，分为湿密度和干密度(ρ_d)，湿密度又进一步分为天然密度(ρ)和饱和密度(ρ_m)。岩石颗粒密度(ρ_s)是指岩石固体颗粒的质量(m_s)与固体体积(V_s)的比值，大小取决于岩石的组成矿物密度及相对含量。将岩石固体颗粒质量除以岩石颗粒体积(不包括孔隙体积)再除以 4 ℃水的密度即岩石的相对密度。

3.1.1　岩石块体密度、饱和密度和干密度测定

根据岩石块体密度(也称天然密度)的定义，计算公式为：

$$\rho = \frac{m}{V} \tag{3-1}$$

式中　ρ——密度，g/cm^3；

m——质量，g；

V——体积，cm^3。

岩石饱和密度是指岩石中的孔隙都被水充填时单位体积的质量，计算公式为：

$$\rho = \frac{m_s + \rho_w V_v}{V} \tag{3-2}$$

式中　ρ_w——水的密度，g/cm^3；

m_s——岩石中固体颗粒质量，g；

V_v——岩石孔隙体积，cm^3。

岩石干密度(ρ_d)是指岩石空隙中的液体全部被蒸发，试件中仅有固体和气体状态下的单位体积的质量，即：

$$\rho_d = \frac{m_a}{V} \tag{3-3}$$

式中　m_a——岩石中液体全部蒸发后固体质量，g。

岩石块体密度测定常用量积法、封蜡法和水中称量法。量积法适用于能制备成规则试

样的岩石；除遇水崩解、溶解和干缩湿胀性岩石外，均可采用水中称量法；不能用量积法或水中称量法进行测定的岩石采用封蜡法，如软弱岩石、风化岩石等。测定天然密度时，常采用称重法。首先应该保持被测岩石的含水量，其次要注意岩石中是否含有遇水溶解、遇水膨胀的矿物成分，若有类似的物质应该采用水中称量的方法进行实验，即先将试件的外表涂上一层厚度均匀的石蜡，然后放在水中称物体的质量，并计算天然密度。饱和密度可采用 48 h 浸水法、抽真空法或煮沸法使岩石试件饱和，然后再称重。干密度测量应将试件烘干后再称重。实验室测试一般只提供干密度指标，且通常所说的岩石块体密度即指干密度。

本节只介绍量积法和蜡封法。

实验目的

① 掌握岩石块体密度、饱和密度和干密度的概念，熟悉其实验测定方法。

② 通过岩石密度测量实验，了解岩石的物理性质，为进一步把握岩石在受力作用下的变形及破坏规律提供依据。

3.1.1.1　量积法

实验原理

由岩石块体密度定义可知，将岩石加工成形状规则的试样，如圆柱体、立方体或长方体，用仪器测量试样的尺寸，求出体积，并用天平称取试样的质量，然后根据式(3-1)计算岩石块体密度。

实验仪器

① 试样制备仪器：钻石机、切石机、磨石机、砂轮机等。

② 养护箱。

③ 天平：称量 0～500 g，感量 0.01 g。

④ 游标卡尺：精确度 0.01 mm。

⑤ 其他：放大镜、小刀等。

实验内容与步骤

1. 试样制备

按照 2.2 节中岩石力学试样制备实验方法制备试样。试样形状为圆柱体、立方体或长方体。试样应满足下列要求：

① 试样尺寸应大于岩石最大颗粒的 10 倍以上。

② 试样的高度或直径或边长误差不超过 0.2 mm。

③ 试样断面不平整度误差不超过 0.05 mm。

④ 试样两端面应垂直于试样轴线，最大偏差不超过 0.25°，每组试样制备不少于 3 块，不允许有损坏。

2. 试样尺寸测量

① 测量试样两端和中间三个断面上相互垂直的两个直径或边长，按平均值计算截

面积。

② 测量端面周边对称 4 点和中心点的 5 个点高度，计算高度平均值。

③ 测量完成后按公式计算试样体积。

3. 试样烘干和称重

试样置于养护箱内，在 105～110 ℃温度下恒温养护 24 h，然后冷却至室温取出，称量试样质量，精确至 0.01 g。

4. 计算

按式(3-1)和式(3-3)计算岩石块体密度和干密度，本实验每组平行测定不少于 3 块试样，取其平均值作为岩石的块体密度。

数据记录与处理

整理实验数据，并完成实验数据表，见表 3-1。

表 3-1　量积法岩石块体密度实验数据表

试样名称及形态	编号	试样岩性描述（包括颜色、矿物成分、结构、风化程度）	试样质量 m_s /g	试样尺寸/mm				试样体积 V /cm^3	岩石块体密度 ρ /(g/cm^3)		岩石干密度 ρ_d /(g/cm^3)	
				长 L	宽 b	高 h	直径 d		单次测量值	平均值	单次测量值	平均值

实验者：　　　　　　　　　　　　　　　　　　　　　计算者：

校核者：　　　　　　　　　　　　　　　　　　　　　年　　月　　日

注意事项

① 试样要轻拿轻放，防止发生破损。

② 制作试样应按要求规范操作，防止出现安全事故。

思考题

1. 什么是岩石天然密度、干密度？它们之间有什么关系？

2. 测量岩石块体密度的方法有哪些？有何适用条件？

3. 量积法测量岩石块体密度和干密度时，有哪些影响因素？

3.1.1.2　蜡封法*

实验原理

蜡封法是将已知质量的小块岩石试样浸入融化的石蜡，使试样包裹一层蜡外壳，保持完整的外形。分别测量带有蜡外壳的试样在空气中和水中的质量，根据阿基米德原理，计算试样的体积和密度。

实验仪器

① 试样制备仪器。

② 养护箱。

③ 天平：称量 0～500 g，感量 0.01 g。

④ 游标卡尺：精确度 0.01 mm。

⑤ 石蜡及熔蜡工具。

⑥ 其他：烧杯、线、温度计、烧杯架等。

实验内容与步骤

1. 试样制备

试样制备方法同量积法。

2. 试样测量

试样测量方法同量积法。

3. 试样烘干和称重

试样烘干和称重方法同量积法。

4. 封蜡

用细线将试样捆好，持线将试样缓缓浸入刚过熔点（约 60 ℃）的蜡中 1～2 s，试样表面均匀包裹上一层蜡，其平均厚度约为 1 mm。检查试样表面蜡膜是否有气泡，若有须用烧热的针刺破，再用蜡涂平孔口。

5. 试样体积计算

① 蜡封试样冷却后放在天平上称量，得蜡封试样的质量 m_1。

② 用细线将蜡封试样吊在天平一端，并使之浸没于盛水烧杯中，称量蜡封试样在水中的质量 m_2。

③ 蜡封试样取出擦干水后，再一次称量蜡封试样质量，若称得的质量大于浸水前质量 m_1，且超过 0.03 g，说明封蜡不好，水进入试样，应重新封蜡做实验。

④ 根据阿基米德原理，按式(3-4)计算岩石试样的体积：

$$V = V_1 - V_2 = \frac{m_1 - m_2}{\rho_w} - \frac{m_1 - m_s}{\rho_p} \tag{3-4}$$

式中 V——岩石试样体积，cm^3；

V_1——封蜡后岩石试样体积，cm^3；

V_2——封蜡的体积，cm^3；

m_1——蜡封试样在空气中的质量，g；

m_2——蜡封试样在水中的质量，g；

m_s——岩石试样的干质量，g；

ρ_w——水的密度，g/cm^3；

ρ_p——石蜡的密度，取 0.92 g/cm^3。

数据记录与处理

整理实验数据，并完成实验数据表，见表 3-2。

表 3-2　蜡封法岩石块体密度实验数据表

试样名称及形态	编号	试样岩性描述（包括颜色、矿物成分、结构、风化程度）	试样加石蜡质量 m_1/g	试样加石蜡在水中质量 m_2/g	试样加石蜡体积 V/cm^3	岩石块体干密度 ρ_d /(g/cm^3) 单次测量值	岩石块体干密度 ρ_d /(g/cm^3) 平均值	备注

实验者：　　　　　　　　　　　　　　　　计算者：

校核者：　　　　　　　　　　　　　　　　年　　月　　日

注意事项

① 蜡封时要将试样缓缓浸入，并立即提起，避免在蜡膜中产生气泡。

② 称量蜡封试样在水中的质量时，需要注意避免蜡封试样与烧杯壁和底接触，同时应排除附在试样周围的气泡。

③ 称量蜡封试样在空气中的质量时，要在天平另一端放上一条与所捆试样同等质量的细线。

思考题

1. 蜡封法适用于什么岩石？
2. 与量积法相比，蜡封法有何优点？

3.1.2　岩石颗粒密度及相对密度测定

实验原理

岩石颗粒密度（ρ_s）计算公式：

$$\rho_s = \frac{m_s}{V_s} \tag{3-5}$$

式中　ρ_s——岩石颗粒密度，g/cm^3；

m_s——岩石固体部分的质量，g；

V_s——岩石相应的固体体积，cm^3。

岩石相对密度计算公式：

$$G_s=\frac{W_s}{V_s\gamma_w} \tag{3-6}$$

式中 G_s——岩石的相对密度；

W_s——岩石的颗粒质量，g；

V_s——岩石的颗粒体积，cm^3；

γ_w——4 ℃蒸馏水的密度，g/cm^3。

岩石固体部分质量采用烘干岩石的粉碎试样，用精密天平测得，固体体积用比重瓶法，通过测量排开与试样同体积的液体的方法测得。

实验仪器

① 岩石粉碎仪器：粉碎机、瓷钵、玛瑙研钵和孔径为 0.25 mm 的筛子。

② 比重瓶：容积 200 mL。

③ 分析天平：称量 0～200 g，感量 0.001 g。

④ 普通天平：称量 0～500 g，感量 0.1 g。

⑤ 真空抽气设备或煮沸设备。

⑥ 温度计：量程 0～50 ℃，精确至 0.5 ℃。

⑦ 其他：恒温水槽、烘箱、蒸馏水或中性液体、小漏斗、洗耳球等。

实验内容与步骤

1. 试样制备及烘干

取岩样约 100 g，粉碎成岩粉并全部通过 0.25 mm 筛子筛分。将制备好的试样与洗净的比重瓶一起置于烘箱中，110 ℃连续烘干不少于 6 h，烘至恒重，冷却至室温备用。

2. 试样称重

用四分法取两份烘干岩粉试样，每份约 15 g。将试样通过漏斗装入已烘干的比重瓶，烘干比重瓶的质量已在分析天平上称量，然后在分析天平上称取比重瓶加岩粉试样的质量，减去比重瓶质量即烘干岩粉试样的质量（m_s）。

3. 注液排气

烘干岩粉试样装入比重瓶，将蒸馏水注入比重瓶至完全浸没，得到试液，然后用煮沸法或真空抽气法排除真空瓶及试液中的气体。将经过排气的比重瓶置于恒温水槽内使瓶内温度保持稳定，并使试液上部澄清，塞好瓶塞，若有多余试液自瓶塞毛细孔溢出，要将瓶外擦干称重，得到比重瓶、蒸馏水加岩粉试样的总质量（m_1）。

4. 称量比重瓶、试液的质量

倒掉比重瓶中的试液，清洗比重瓶，注入经过排气并与实验同温度的试液至近满后，塞好瓶塞，擦干瓶外多余水分，称量比重瓶及试液的质量（m_2）。

5. 颗粒密度计算

烘干岩粉试样的颗粒密度按式(3-7)计算：

$$\rho_s=\frac{m_s}{m_2+m_s-m_1}\rho_0 \tag{3-7}$$

式中　ρ_s——岩石的颗粒密度，g/cm³；

m_s——烘干岩粉质量，g；

m_1——比重瓶、蒸馏水和干岩粉试样的总质量，g；

m_2——比重瓶和试液的总质量，g；

ρ_0——与实验温度同温的试液密度，g/cm³。

实验时分两次平行测定，取平均值，两次测定的差值不能大于 0.02 g/cm³。计算结果精确至 0.01 g/cm³。

数据记录与处理

整理实验数据并记录，见表 3-3。

表 3-3　岩石颗粒和相对密度测定实验记录

试样岩性描述（包括颜色、矿物成分、结构、风化程度）	比重瓶编号	实验温度 t/℃	蒸馏水密度 ρ_0 /(g/cm³)	比重瓶、蒸馏水和干岩粉试样的总质量 m_1/g	比重瓶和试液的总质量 m_2/g	烘干岩粉质量 m_s/g	岩石颗粒密度/(g/cm³)		岩石相对密度	
							单值	平均值	单值	平均值

实验者：　　　　　　　　　　　　　　　　　　计算者：

校核者：　　　　　　　　　　　　　　　　　　年　　月　　日

注意事项

① 用比重瓶测定岩石固体颗粒体积时，必须将实验中含有的气体排尽，防止影响测试精度。

② 煮沸（或抽气）排气时，必须防止悬液溅出比重瓶，火要小，防止煮干。

③ 保持比重瓶内悬液温度与试液温度一致。

④ 测定 m_1 和 m_2 时，必须将比重瓶外壁擦干。

思考题

1. 岩石颗粒密度值取决于哪些因素？它与孔隙度的关系如何？

2. 岩石若为可溶盐类，用蒸馏水测定岩石颗粒密度时，其结果是偏大还是偏小？为什么？

3.2 岩石孔隙率测定

天然岩石中包含着数量不等、成因各异的孔隙和裂隙，是岩石的重要结构特征之一。孔隙和裂隙对岩石力学性质的影响基本一致，在工程实践中很难将二者分开，因此通称为岩石的孔隙性，它反映了岩石中孔洞和裂隙发育程度。岩石的孔隙性常用孔隙比 e 和孔隙率 n 表示。孔隙率，即岩石的孔隙体积与岩石的表面体积的比值。岩石孔隙率常用的测量方法有压汞法、密度法、吸渗法和统计法。本实验以压汞法讲解岩石孔隙率的测定。

实验目的

① 巩固岩石孔隙率的概念，掌握其测定原理。

② 掌握测定岩石孔隙率的实验步骤。

实验原理

根据波义耳定律，在恒定温度下岩芯室体积一定时，放入岩芯室岩样的固相(颗粒)体积越小，则岩芯室中气体所占体积越大，与标准室连通后，平衡压力越低；反之，当放入岩芯室内的岩样固相体积越大，平衡压力越高。

绘制标准块的体积(固相体积)与平衡压力的标准曲线，测定待测岩样平衡压力，根据标准曲线反求岩样固相体积。

通过加压使汞进入固体中，进入固体孔中的孔体积增量所需的能量等于外力所做的功，即等于处于相同热力学条件下的汞-固界面下的表面自由能。之所以选择水银作为实验液体，是根据固体界面行为的研究结论，当接触角大于90°时，固体不会被液体润湿。同时研究得知，水银的接触角是117°，故除非提供外加压力，否则混凝土不会被水银润湿，不会发生毛细管渗透现象。因此要把水银压入毛细孔，必须对水银施加一定的压力克服毛细孔的阻力。通过实验得到一系列压力 p 和相对应的水银浸入体积 V，提供了孔尺寸分布计算的基本数据，采用圆柱孔模型，根据压力与电容的变化关系计算孔体积及比表面积，依据华西堡方程计算孔径分布。压汞实验得到的比较直接的结果是不同孔径范围所对应的孔隙量，进一步计算得到总孔隙率、临界孔径(临界孔径对应汞体积屈服的末端点压力。其理论基础为：材料由不同尺寸的孔隙组成，较大的孔隙之间由较小的孔隙连通，临界孔是能将较大的孔隙连通起来的各孔的最大孔级。根据临界孔径的概念，该表征参数可反映孔隙的连通性和渗透路径的曲折性)、平均孔径及孔结构参数等。

如图 3-1 所示，若欲使毛细孔中的汞保持平衡位置，必须使外界所施加的总压力 P 同毛细孔中水银的表面张力产生的阻力 P' 相等，根据平衡条件，可得公式：

$$P=\pi r^2 p=P_s-2\pi r\sigma\cos\theta\pi r^2 p=-2\pi r\sigma\cos\theta \tag{3-8}$$

式中 p——给汞施加的压力，N/mm^2；

σ——表面张力，N/mm^2；

P——外界施加给汞的总压力，N；

P_s——由于汞表面张力而引起的毛细孔壁对汞的压力，N。

只有当施加的外力 $P \geqslant P_s$ 时，水银才可进入毛细孔，从而得到施加压力和孔径之间的关系式，即 Washburn 公式：

$$P = \frac{2\sigma \cos \theta}{r} \tag{3-9}$$

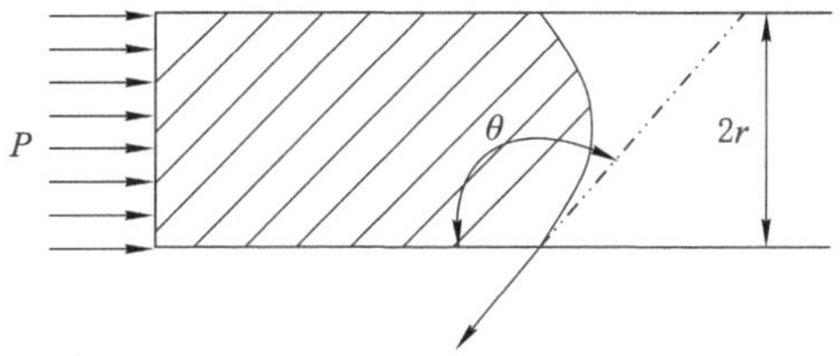

图 3-1　毛细孔中汞受力情况

实验仪器

① 压汞仪：PoreMaster-33 型全自动压汞仪（图 3-2），孔分布测定范围孔直径为 950～0.006 4 μm，从真空到 33 000 psia① 可连续或步进加压，试样形状可为粉状、片状、块状或多孔固体。本实验中采用块状，50 ℃干燥 6 h。

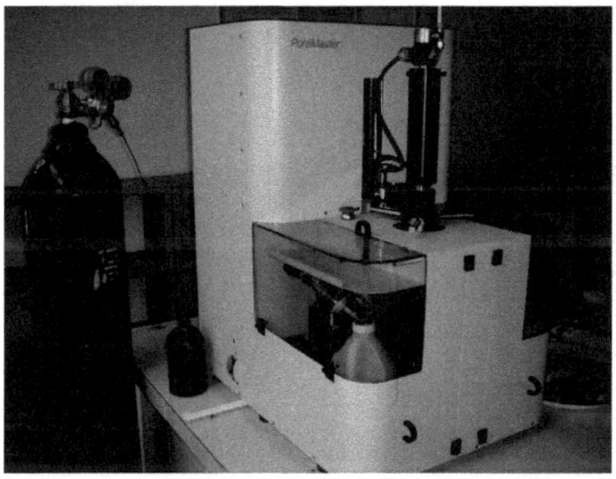

图 3-2　全自动压汞仪

② 养护箱。

③ 天平：称量 0～500 g，感量 0.01 g。

④ 游标卡尺：精确度 0.01 mm。

⑤ 其他：脱脂棉、镊子、汞、液氮、硫黄、酒精等。

实验内容与步骤

1. 试样制作

预计岩石试样密度和孔隙率，选择合适的膨胀计。按照 2.2 节中岩石力学试样制备实验方法制备圆柱形岩石样品，试样高度不能大于膨胀计的内腔高度。

① psia，压强单位，1 psia（绝对压力）＝psig（表压）＋1 个大气压。

2. 岩石样品体积测量

用游标卡尺测量岩石试样的直径、高度。

3. 试样称重

用天平将试样称重，并记录，精确到 0.01 g。

4. 压汞仪操作

① 开启气瓶，保持压力 0.3 MPa 左右，并开启风机。打开电脑，检查液氮及汞量是否充足。

② 将试样装入样品管，并密封。

③ 将样品管装入低压站，开启系统。

④ 低压实验结束后，将样品管取出，装入高压站。

⑤ 高压实验结束后，合并低压及高压数据，并保存。

⑥ 实验结束，将样品管中的废液倒出，用酒精清理样品管，备用。

⑦ 关闭电脑、风机及气瓶。

数据记录与处理

整理并记录电脑输出实验数据及数据曲线。

注意事项

汞是化学实验中常用的物质，毒性很大，且进入体内不易排出，形成积累性中毒；室温下汞的蒸气压为 0.001 2 mmHg。

安全使用汞的操作规定：

① 汞不能直接暴露于空气中，其上应加水或覆盖其他液体。

② 任何剩余量的汞均不能倒入下水槽。

③ 储汞容器必须是结实的厚壁器皿，且器皿应放在瓷盘上。

④ 装汞的容器应远离热源。

⑤ 万一汞掉在地上、台面或水槽中，应尽可能用吸管将汞珠收集起来，再用能形成汞合金的金属片（Zn、Cu、Sn 等）在汞溅处多次扫过，最后用硫黄粉覆盖。

⑥ 手上有伤口，切勿接触汞，尤其防止溅入眼中。

思考题

1. 试从压汞仪的原理方面分析压汞仪在测水泥浆孔结构方面存在的缺陷。

2. 查阅资料，试述一下测量孔结构的实验方法及设备有哪些，并比较其优缺点。

3.3 岩石天然含水率、吸水率与饱和吸水率测定

一般情况下，岩石的孔隙中均含有水。岩石受水浸润所表现出来的物理性质称为水理

性质，主要有吸水性、软化性、抗冻性和渗透性等。本节就岩石天然含水率、吸水率和饱和吸水率实验进行介绍。

实验目的

① 熟悉岩石天然含水率、吸水率和饱和吸水率的概念。

② 掌握岩石天然含水率、吸水率和饱和吸水率测定方法，能够对结果进行处理。

实验原理

岩石的天然含水率，是在大气压力和室温条件下岩石自身所含有的水的质量与试样固体质量比的百分率。

岩石吸水率，是在大气压力和室温条件下岩石吸入水的质量与试样固体质量比的百分率。通常用浸水法测定岩石吸水率。

岩石饱和吸水率，是试样在强制状态下岩石的最大吸水质量与试样固体质量比的百分率。通常采用煮沸法或者真空抽气法求岩石饱和吸水率。

实验仪器

① 养护箱。

② 天平：称量 0～500 g，感量 0.01 g。

③ 煮沸设备或真空抽气设备。

④ 水中称重装置。

实验内容与步骤

3.3.1　岩石天然含水率

1. 试样制备

按照岩石试样制备方法的要求，制作圆柱体、立方体或方柱体试样，每组试样取 3 个。

2. 试样质量称量

用天平称量每个试样的质量，精确至 0.01 g，记为 m_1。

3. 试样烘干

将每个试样置于养护箱内，在 105～110 ℃温度下恒温养护 24 h，然后冷却至室温取出，称量试样质量，精确至 0.01 g。

4. 烘干试样质量称量

用天平称量每个烘干试样的质量，精确至 0.01 g，记为 m_2。

5. 计算

岩石天然含水率按以下公式计算：

$$\omega=\frac{m_1-m_2}{m_1}\times 100\% \tag{3-10}$$

式中　ω——岩石天然含水率；

m_1——岩石试样天然质量，g；

m_2——岩石试样烘干后质量，g。

3.3.2　岩石吸水率与饱和吸水率

1. 试样制备

岩石吸水率与饱和吸水率实验试样制备方法同岩石天然含水率实验，每组试样不少于3个。

2. 试样烘干及质量称量

将每个试样置于养护箱内，在105～110 ℃温度下恒温养护24 h，然后冷却至室温取出，称量试样质量，精确至0.01 g，记为m_3。

3. 试样自由浸水

将试样放于水槽中，试样之间应留有空隙，然后向水槽注水，使试样逐步浸水，首先浸没至试样高度的1/4处，以后每隔2 h注水一次，使水位分别抬升至试样高度的1/2、3/4处，6 h后全部浸没试样，最后一次注水高出试样顶端1～2 cm，再浸泡48 h后取出，擦干试样表面水分，称取湿试样的质量，记为m_4。

4. 试样强制饱和

(1) 煮沸法

将试样置于煮沸水槽内，试样之间应留有孔隙，然后加水煮沸，水槽内的水位应始终保持高于试样，煮沸时间不少于6 h。经煮沸的试样放置于水槽冷却至室温，取出试样并擦干表面水分称量质量，记为m_5。

(2) 真空抽气法

将试样放于饱和容器中，使水面高于试样，加盖后开动真空泵，使真空泵压力表读数达到100 kPa，直至无气泡逸出为止，总的抽气时间不少于4 h，然后将试样放在饱和容器中静置4 h，取出试样，擦干表面水分并称量质量，记为m_5。

5. 计算

岩石吸水率和饱和吸水率按下式计算：

$$\omega_0=\frac{m_4-m_3}{m_3}\times 100\% \tag{3-11}$$

$$\omega_p=\frac{m_5-m_3}{m_3}\times 100\% \tag{3-12}$$

式中　ω_0——岩石的吸水率；

ω_p——岩石的饱和吸水率。

数据记录与处理

记录并整理实验数据，见表3-4。

表 3-4　岩石天然含水率、吸水率和饱和吸水率实验数据记录表

岩石名称及描述	试样编号	试样在空气中质量 m_1/g	试样烘干 12 h 质量 m_2/g	岩石天然含水率 ω/%	试样烘干 24 h 质量 m_3/g	试样自由浸水 48 h 后质量 m_4/g	吸水率 ω_0/%	试样强制饱和后质量 m_5/g	饱和吸水率 ω_p/%	备注

实验者：　　　　　　　　　　　　　　　　　　　　　　　　　　　　计算者：

校核者：　　　　　　　　　　　　　　　　　　　　　　　　　　　　年　　月　　日

注意事项

① 在制备试样和取样过程中，要轻拿轻放，不允许产生人为裂隙。

② 浸水时间和煮沸时间应分别从试样完全淹没及开始沸腾后算起。

思考题

1. 岩石天然吸水率、吸水率和饱和吸水率之间有何区别与联系？

2. 如果给定某一种岩石的块体密度、颗粒密度、吸水率和饱和吸水率，如何计算岩石孔隙性指标：孔隙度、大开孔隙度、小开孔隙度、总开孔隙度以及闭孔隙度？

3.4　岩石渗透系数测定

岩石的渗透性，是指岩石在一定水压力作用下岩石孔隙和裂隙透过水的能力，它间接地反映了岩石中裂隙间相互连通的程度。水流在岩石的孔隙中流动时，大多数表现为层流状态。就一般工程而言，所关心的是渗透系数 K 的大小。岩石的渗透系数不仅与岩石和水的物理性质有关，而且与岩石的应力状态也有很大关系。

实验目的

① 熟悉岩石渗透性的概念。

② 熟悉岩石渗透系数的意义，掌握实验测定方法。

实验原理

无论以何种方法确定岩石渗透系数，均基于达西定律，即岩石的渗透性可用达西定律来描述。为了研究岩石的渗透性，转化为渗透系数与应力状态的关系，通过径向渗透仪对岩石做径向渗透实验，进而利用径向渗透实验得到渗透系数 K。

实验仪器

① 径向渗透仪：ELE 岩石渗透仪，包括 Hoek 压力室、油水恒压系统、手动压力系统、量管等，仪器结构如图 3-3 所示。

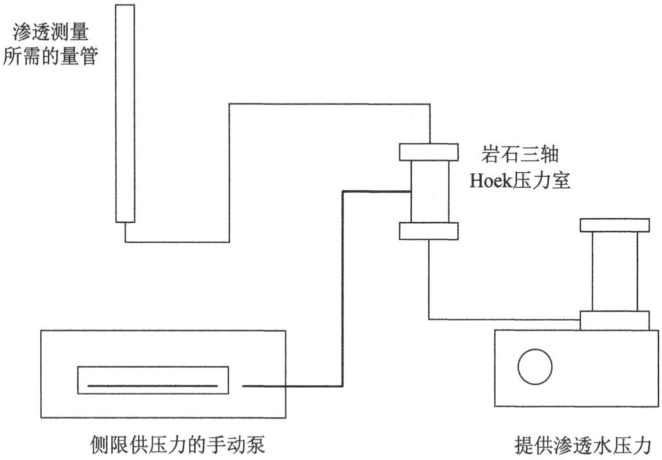

图 3-3　ELE 岩石渗透仪结构示意图

② 试样制备仪器。

③ 其他：游标卡尺(精确度 0.01 mm)、养护箱、导管等。

实验内容与步骤

1. 试样制备

按照岩石力学试样制备方法制备岩石试样。试样形状为圆柱体，直径 60 mm、长 150 mm，在试样一端沿轴向钻一直径 12 mm、长 125 mm 的小孔。试样应满足下列要求：

① 试样尺寸应大于岩石最大颗粒的 10 倍以上。

② 试样的高度或直径或边长误差不超过 0.2 mm。

③ 试样断面不平整度误差不超过 0.05 mm。

④ 每组试样制备不少于 3 块，不允许有损坏。

2. 试样预处理

将制备好的试样轴向小孔上端 25 mm 长的一段堵塞起来，同时用一根导管使小孔与外界连通。将试样放进盛有压力水的容器内，并保持试样轴向小孔壁上的水压力与试样外壁上的水压力不等，这样就引起径向渗流，如图 3-4 所示。

3. 实验步骤

① 往手动泵中注油并安装数字压力表。

② 将制备并预处理好的岩石试样放入压力室中，试件封堵面与泵连接，另一面装上排气用的连接器。

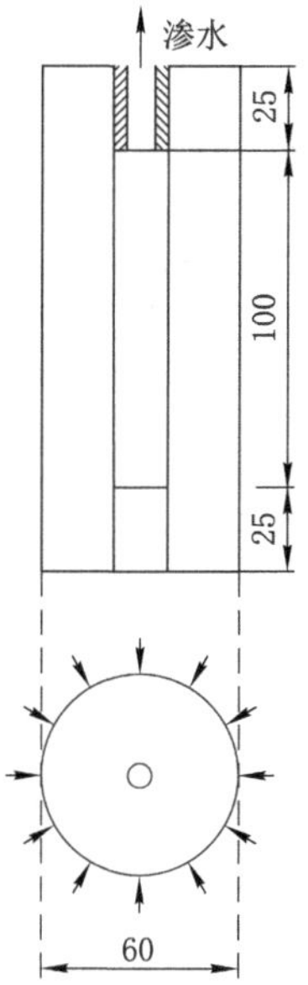

图 3-4　径向渗透过程示意图

③ 将压力室立起，装有连接器的一端朝上。启动泵，油从下向上进入压力室，当看到油从连接器口冒出时，停止加油，将连接器取出，盖子旋回原处。

④ 往侧限供压仪中注入油（每次换新油必须准确更换 2 L）。

⑤ 往侧限供压仪顶上的容器注水，水位应距离顶部 30～40 mm，千万不能高于容器内部的油管，以免水从油管进入仪器的油箱。

⑥ 打开容器顶上的排气孔螺钉，启动仪器，油将从油管往上输送，浮于水上，当系统中所有空气都排出后，旋紧排气孔螺钉。

⑦ 压力室上端与侧限供压仪任一个出水阀连接，下端与测量导管连接。

⑧ 启动侧限供压仪加压，直到导管上有一定量的水（此时不加围压），关闭出水阀门。

⑨ 启动手动泵，施加并维持特定围压，然后打开侧限供压仪出水阀门，并开动侧限供压仪至所需的压力值。

⑩ 测量导管水位上升，计时读数。

4. 计算

岩石渗透系数按以下公式计算：

$$q_x = AK\frac{\mathrm{d}h}{\mathrm{d}x} \tag{3-13}$$

式中　q_x——沿 x 方向水的流量，m^3/s；

A——垂直于 x 方向的截面面积，m^2；

h——水头的高度，m；

K——岩石沿 x 方向的渗透系数。

数据记录与处理

按表 3-5 要求记录并整理实验数据。

表 3-5　岩石渗透系数测定实验数据

岩石描述	实验次数	时间 t/s	导管水位 h/cm			水位差 Δh			压力 p/Pa			水的流量 Q/cm^3			渗透流速平均值 v/(cm/s)	渗透系数平均值 K
			h_1	h_2	h_3	h_2-h_1	h_3-h_2	平均	p_1	p_2	p_3	Q_1	Q_2	Q_3		
	1															
	2															
	3															
	4															

实验者：　　　　　　　　　　　　　　　　　　　　计算者：

校核者：　　　　　　　　　　　　　　　　　　　　年　　月　　日

注意事项

① 岩石预处理时要仔细，防止破坏试件外壁，出现裂痕。

② 手动加压时，注意用力均匀，控制力度，避免油压过大油从连接帽中冒出。

③ 注水时，水位控制距离顶部不能小于 30 cm，保证水位低于容器内的油管，避免水从油管进入仪器的油箱。

思考题

1. 试从达西定律出发，解释岩石渗透系数测定实验的设计存在的优缺点。
2. 查阅资料，说明岩石渗透系数测定还有哪些方法。

3.5　岩石膨胀实验

岩石膨胀性是指岩石试样浸水后发生体积膨胀的性质，用自由膨胀率、膨胀应力、侧向约束膨胀率等参数表示。岩石膨胀实验包括岩石自由膨胀率实验、岩石侧向约束膨胀率实验和岩石膨胀压力实验。

实验目的

① 了解岩石自由膨胀率、侧向约束膨胀率的概念。

② 掌握岩石自由膨胀率和侧向约束膨胀率的实验方法。

实验原理

岩石自由膨胀实验是分别通过测定岩石试样在浸水后径向和轴向变形与原试样直径和

高度之比来确定的。岩石侧向约束膨胀实验是通过对试样施加不同轴向载荷的情况下，测定岩石试样在浸水后径向和轴向变形与原试样直径和高度之比。岩石自由膨胀率和侧向约束膨胀率均以百分数表示。

实验仪器

① 试样制备仪器。

② 岩石自由膨胀率实验仪(图 3-5)。

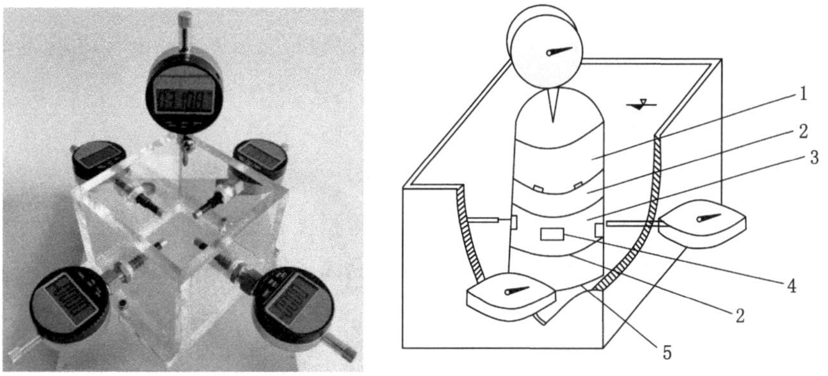

1—金属板；2—金属透水板；3—岩石试样；4—铜片；5—容器。

图 3-5　岩石自由膨胀率实验仪

③ 岩石侧向约束膨胀率实验仪(图 3-6)。

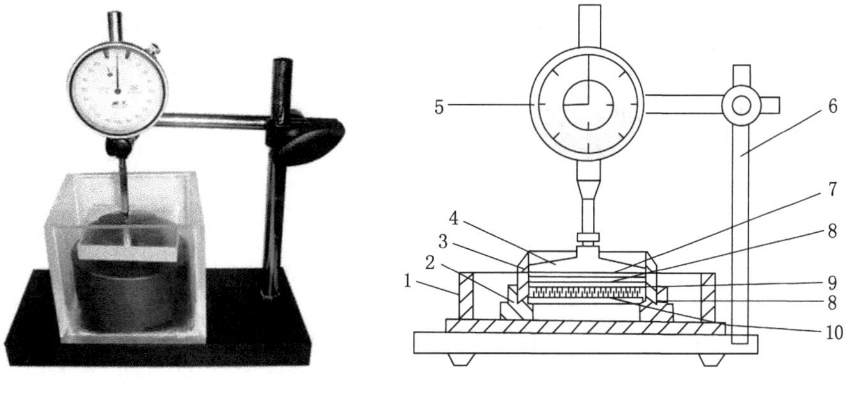

1—盛水器；2—底座；3—金属套环；4—传递活塞；5—千分表；
6—表架；7—金属板；8—透水板；9—滤纸；10—试件。

图 3-6　岩石侧向约束膨胀率实验仪

④ 游标卡尺：精确度 0.01 mm。

⑤ 天平：最大称量 2 kg，精度 0.01 g。

⑥ 其他：角尺、电阻应变片、压力传感器、位移传感器或千分表等。

实验内容与步骤

1. 试样制备

① 试样应在现场采取，并保持天然含水状态。严禁用爆破或湿钻法取样。

② 每组试样不少于 3 块。

③ 试样尺寸：

a. 自由膨胀率实验的试样，圆柱形试样直径 50 mm 或 61.8 mm，高等于直径；正方形试样的边长 50～60 mm，两端面不平行度不大于 0.05 mm。

b. 侧向约束膨胀率实验的试样直径 61.8 mm，高度(20±0.2) mm，两端面不平行度不大于 0.05 mm。

c. 干法制样时，天然含水量的变化不得超过 1%。

2. 试样描述

① 岩石名称、颜色、矿物成分、结构、构造、风化程度、胶结物性质等。

② 膨胀变形和加载方向，与层理、片理、节理裂隙之间的关系。

③ 试样加工方法。

3. 岩石自由膨胀率实验操作

① 将试样放入岩石自由膨胀率实验仪内，在试样上、下分别放置透水板，顶部放置一块金属板。

② 在试样上部和四侧对称的中心部位分别安装千分表。四侧千分表与试样接触处放置一块薄铜片。

③ 读取并记录千分表读数，每隔 10 min 读记 1 次，直至连续 3 次读数不变。

④ 缓慢向盛水容器内注入蒸馏水，直至淹没上部透水板并立即读数。

⑤ 实验开始 1 h 内，每隔 10 min 测读变形 1 次，以后每隔 1 h 测读变形 1 次，直至连续 3 次读数差不大于 0.001 mm，认为膨胀稳定，但浸水实验时间不少于 48 h。

⑥ 实验过程中要保持水位不变，水温变化不大于±2 ℃，实验过程中及实验结束后详细描述试样的崩解、开裂、掉块、表面泥化或软化现象。

⑦ 将实验数据和内容进行记录。

4. 岩石侧向约束无载荷膨胀率实验操作

① 在侧向约束膨胀率实验仪水盒的试件环内壁涂上凡士林油，再将试件放入试件环中，在试件两端放置滤纸和透水板，顶部放金属板。

② 安装千分表，记录千分表初始读数。

③ 分 3 次或 4 次向水盒内缓慢注入蒸馏水使空气逐步排出，水面高出试件 5 mm。

④ 实验开始 1 h 内，每隔 10 min 记录 1 次千分表读数，以后每隔 1 h 记录 1 次千分表读数，12 h 后每隔 3 h 记录 1 次千分表读数，直至连续两次读数差小于 0.001 mm 为止，浸水后实验时间不小于 48 h。

⑤ 记录稳定后的千分表读数。

⑥ 实验过程中保持水位不变，水温变化不大于±2 ℃，实验过程中及实验结束后详细描述试样的崩解、开裂、掉块、表面泥化或软化现象。

⑦ 将实验数据和内容进行记录。

5. 计算

岩石的轴向自由膨胀率、径向自由膨胀率和侧向约束膨胀率分别按以下各式计算：

$$V_h = \frac{\Delta h}{h} \times 100\% \tag{3-14}$$

$$V_d = \frac{\Delta d}{d} \times 100\% \tag{3-15}$$

$$V_{h'} = \frac{h' - h_0}{h} \times 100\% \tag{3-16}$$

数据记录与处理

按表 3-6 要求记录并整理实验数据。

表 3-6　岩石膨胀实验记录表

试样编号	干试样质量 m_d/g	试样直径 d/mm	试样高度 h/mm	试样面积 A/mm²	自由膨胀实验		侧向约束膨胀实验千分表读数	膨胀率/%	侧向约束下膨胀率/%
					千分表读数	应变仪读数			
1									
2									
3									
4									
…									

实验者：　　　　　　　　　　　　　　　　　　　　计算者：

校核者：　　　　　　　　　　　　　　　　　　　　年　　月　　日

注意事项

① 制备试样时，严禁用爆破或湿钻法取样。

② 向盛水容器加水速度要慢，实验过程中要保持水位不变，水温变化不大于±2 ℃。

思考题

试述岩石自由膨胀率、侧向约束膨胀率、膨胀应力之间的关系。

第4章　岩石力学性质实验

岩石力学性质从工程材料角度分为岩石的强度特性和变形特性。岩石的强度是指岩石在载荷作用下所能承受的最大单位面积上的力。由于载荷作用的形式不同，通常研究岩石的单轴抗压强度(无侧限压缩强度)、抗拉强度、剪切强度、三轴压缩强度等。与岩石的强度特性一样，岩石的变形特性也是表征岩石力学特性的重要指标。从工程材料方面来讲，岩石的变形更为重要，尤其是在岩体工程的使用中，岩石的变形将直接影响工程的质量及正常使用。只有对岩石强度及变形特性的变化规律有足够多了解，才能应用某些数学表达式来描述岩石的变形特性，进一步运用这些表达式计算岩石在外荷载作用下所产生的变形，用以评价岩体工程的稳定性。本章就常见的岩石强度特性及变形特性实验进行讲解。

4.1　岩石静力变形参数测定

岩石静力变形参数测定实验是将岩石试样置于压力机上加压，同时用应变计或位移计测定不同压力下岩石的变形值，求得应力-应变曲线，然后通过应力-应变曲线求岩石的变形模量和泊松比。目前，测量变形的仪表有电阻应变仪、机械测表、千分表、电位差传感器、应变片式传感器等。

实验目的

① 了解岩石静力变形参数的内容，掌握并理解初始模量、切线模量和割线模量的意义。

② 掌握测定岩石静力变形参数的方法及初始模量、切线模量和割线模量的求解。

实验原理

岩石变形模量，是指试样在单轴压缩条件下压应力与纵向应变之比，又可分为初始模量、切割模量和割线模量。在应力-应变曲线中，初始模量是原点处的斜率，切线模量是曲线上某一点 P 处的斜率，割线模量是某一点 P 与原点连线的斜率。

电阻应变测量技术主要用于试样表面的线应变测量，涉及电阻应变片、电阻应变仪、静态应变测量和动态应变测量。在岩石静力变形参数测定实验中着重介绍电阻应变片测量方法。

电阻应变片是基于应变效应制作的，即导体或半导体材料在外界力的作用下产生机械变形时，其电阻值相应地发生变化。一般应变片的敏感栅使用的是铜铬合金，其电阻变化率为常数，与应变呈正比例关系，如下式所示：

$$\frac{\Delta R}{R}=K\times\varepsilon \tag{4-1}$$

式中　R——应变片的原电阻值，Ω；

ΔR——伸长或压缩所引起的电阻变化，Ω；

K——比例常数(应变片常数)；

ε——应变。

实验仪器

① 试样制备设备：取芯机、切石机、磨片机等。

② 试样养护设备：养护箱。

③ 微型重载压力机：压力机结构如图 4-1 所示。

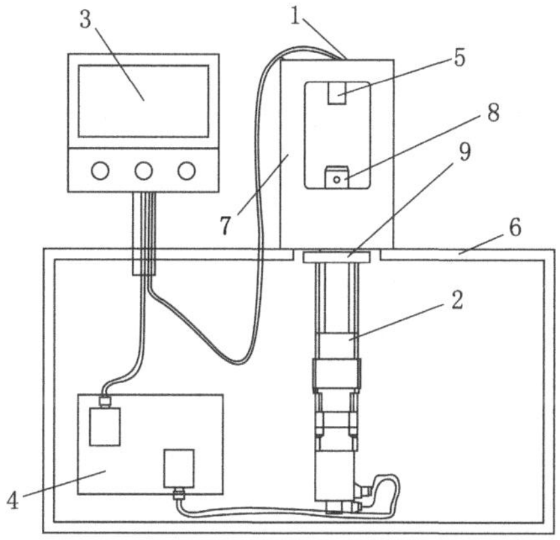

1—加载机构；2—传动机构；3—控制机构；4—配电机构；
5—压力传感器；6—支撑座；7—刚性框架；8—单轴机械臂；9—折叠式法兰。

图 4-1　微型重载压力机结构示意图

④ 电阻应变片及贴片设备：实验用电阻应变片如图 4-2 所示。

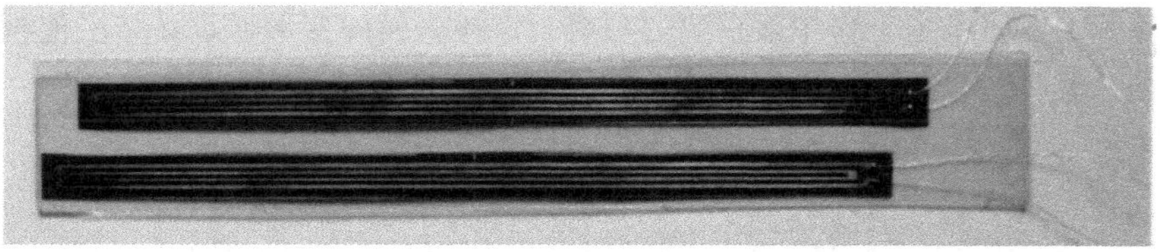

图 4-2　电阻应变片

⑤ 惠斯通电桥：HZDH QJ23 型，如图 4-3 所示。

⑥ 万用表、焊接设备。

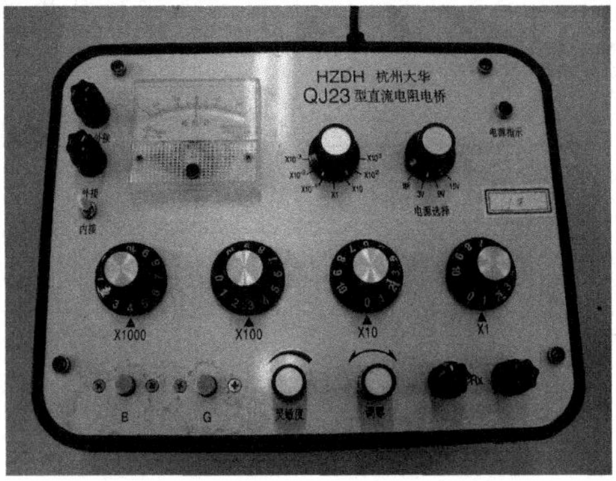

图 4-3　惠斯通电桥

实验内容与步骤

1. 试样制备

① 按照岩石取芯及试样制备方法制备试样，要求在取样和试样制备过程中不能产生人为裂隙。试样为边长 5 cm、高 10 cm 的方柱体。制备好的试样要立即密封保存。

② 试样的精度应满足如下要求：

a. 试样尺寸应大于岩石最大颗粒的 10 倍以上。

b. 试样的高度或直径或边长误差不超过 0.3 mm。

c. 试样断面不平整度误差不超过 0.05 mm。

d. 方体试样相邻两端面应互相垂直，最大偏差不超过 0.25°。每组试样不少于 3 块，不允许有损坏。

2. 试样养护及尺寸测量

实验前将制备好的试样密封拆除，立即测其含水量，然后在 105～110 ℃温度下置于养护箱中养护 12 h。对每个方体试样边长分别取 4 个角点及中心点分别测量尺寸，取平均值，测量精确到 0.01 mm。

3. 应变片的粘贴与防护

贴应变片是测量准备工作中最重要的项目。试样表面的变形通过黏结层传给电阻应变片的敏感栅。具体过程如下。

(1) 选片

用放大镜检查应变片的外观，剔除敏感栅有形状缺陷及片内夹有气泡、霉斑和锈点等缺陷的应变片，然后用万用表测量应变片的阻值，测试其是否能正常使用。

(2) 试样表面处理

① 打磨：用中粒度砂布与应变片粘贴方向成 45°交叉打出一些条纹，以增强粘胶的附着力。

② 划线：用刻线笔在试样表面测点处划出细微的十字形定位线。

③ 擦洗：用脱脂棉球蘸丙酮等挥发性溶液擦洗测点处表面，直至无污渍为止。

(3) 粘贴应变片

① 观察应变片。看清应变片的位置及方向，将应变片的引出线朝上。

② 贴片。在已清洗过的贴片处涂一层薄薄的黏合剂，在应变片上放一层透明的塑料薄膜，然后用手指滚压，挤出多余的黏合剂气泡；电阻应变片应粘贴在试样中部表面，尽量避开裂隙和个别较大的晶体、斑晶及砾石等，纵向应变由单轴压力机读数，所以只贴横向应变片。横向应变片的数量不少于 2 片，其绝缘电阻值大于 200 MΩ。应变片粘贴方式如图 4-4 所示。

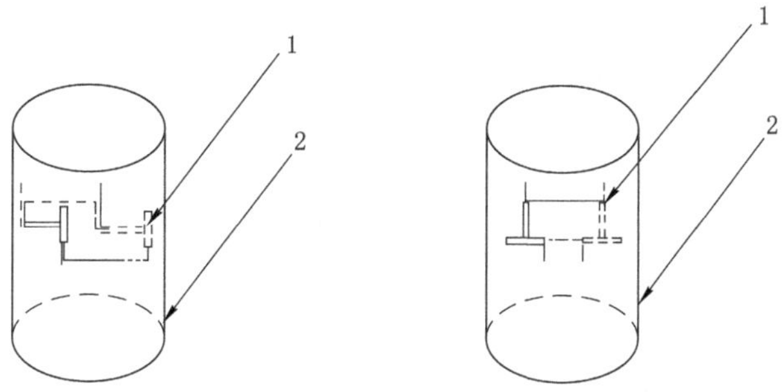

(a) "⊢"形连接方式　　(b) "⊥"形连接方式

1—应变片；2—岩石试件。

图 4-4　应变片粘贴方式

③ 固化。用黏合剂(如 KH502 胶)黏合，放置 10～24 h 可达到最高黏合强度。

(4) 导线固定和焊接

① 导线去皮。黏合剂固化后进行固定。在应变片引线端前方 5 mm 处粘贴接线端子。将导线焊接端去绝缘外皮 3 mm，另一端去导线绝缘外皮 10 mm，导线长度控制在 1 m 内。

② 固定与焊接。焊接应变片引线端时，引线应留有一定弧度，多余的引线去除。焊接导线端时先在导线上挂焊锡，再将导线焊接在接线端子和导线端子处，焊接要准确迅速，焊接好后用万用表测导线和电阻应变片的阻值，阻值与原电阻应变片阻值差在 0.2 Ω 内。

(5) 检查粘贴质量

对已经固化焊接好导线的应变片，在正式使用前必须进行质量检查。

4. 惠斯通电桥仪器调试

① 将电源转换开关扳到内接，检查仪器电源是否有电，若不通电则更换电池。

② 通电后将指零仪转换开关扳向"$G_{内}$"(9 V 电池同时接通)，对指零仪进行机械调零，使指针与表面"0"线重合。

5. 接线

将贴好贴片的试样放在单轴压力机的承压板中心，用半桥连线方式将试样导线与仪器两接线柱连接，估计被测电阻的阻值大小，选择适当倍率并按下"B"和"G"按钮，调节测量盘，使指零仪重新回零，电桥平衡，则被测电阻器阻值＝倍率×测量盘示值。

6. 施加荷载

① 开动压力机，使试件与上方压力传感器接触。

② 以 0.5～1.0 MPa/s 的速度施加荷载，直至试样破坏。在加压过程中，测量并记录各级压力下岩石试样的纵向和横向应变值。

③ 纵向应变值的测读：压力机加载时，纵向应变值由压力机记录数据。

④ 横向应变值的测读：在压力机加载试样破坏前，当加载到某一载荷时，暂停载荷输出或进给输出，相应的惠斯通电桥仪器电表指针偏转，这时调节测量盘，使指针指零，记下测量盘读数，所测读数不少于 20 个，按照式(4-1)计算横向应变值。

7. 计算

(1) 各级应力值及纵向应变值

加载结束后，将各级应力值和纵向应变值的实验数据从压力机控制机构中导出。

(2) 某一级下应力的体积应变值

某一级下应力的体积应变值按照下式计算：

$$\varepsilon_v = \varepsilon_l - 2\varepsilon_d \tag{4-2}$$

式中 ε_v——某一级下应力的体积应变；

ε_l——某一级下应力的纵向应变；

ε_d——某一级下应力的横向应变。

(3) 变形模量

作应力-应变曲线，在应力-应变曲线上作原点与抗压强度 50%的点 M 的连线，变形模量按下式计算：

$$E_{50} = \frac{\sigma_{50}}{\varepsilon_{l50}} \tag{4-3}$$

式中 E_{50}——岩石割线弹性模量，MPa；

σ_{50}——相当于岩石抗压强度 50%的应力值，MPa；

ε_{l50}——应力达到 σ_{50} 时的试样纵向应变值。

(4) 泊松比

取抗压强度为 50%应力对应的纵向应变和横向应变值，按下式计算泊松比：

$$\mu = \frac{\varepsilon_{l50}}{\varepsilon_{d50}} \tag{4-4}$$

(5) 平均弹性模量和平均泊松比

按照以下两式计算岩石平均弹性模量和平均泊松比：

$$E_{ave} = \frac{\sigma_a - \sigma_0}{\varepsilon_{la} - \varepsilon_{l0}} \tag{4-5}$$

$$\mu_{ave} = \frac{\varepsilon_{la} - \varepsilon_{l0}}{\varepsilon_{da} - \varepsilon_{da}} \tag{4-6}$$

式中 E_{ave}——岩石平均弹性模量，MPa；

μ_{ave}——岩石平均泊松比；

σ_0——应力-应变曲线上直线段始点的应力值，MPa；

σ_a——应力-应变曲线上直线段终点的应力值，MPa；

ε_{l0}——应力为 σ_0 时对应的纵向应变；

ε_{la}——应力为 σ_a 时对应的纵向应变；

ε_{d0}——应力为 σ_0 时对应的横向应变；
ε_{da}——应力为 σ_a 时对应的横向应变。

数据记录与处理

① 整理并记录实验数据，见表 4-1。

表 4-1　岩石静力变形参数测定实验记录表

岩石试样编号	试样几何参数	质量 m/g	试样表面积 A/mm^2	岩石名称及状态	试样描述
	长 $L=$　　mm 宽 $b=$　　mm 高 $h=$　　mm			岩石名称： 状态(自然、烘干)：	颜色：　　矿物成分： 结构：　　风化程度： 胶结物性质： 加载方向与试样内层理、节理、裂隙的关系：

加载载荷 p/N	应力 σ/MPa	纵向应变 ε_l			横向应变 ε_d			计算
		ε_{l1}	ε_{l2}	平均值	ε_{d1}	ε_{d2}	平均值	
								$E_{50}=$ $\mu=$ $E_{ave}=$ $\mu_{ave}=$

应力-应变曲线及试样破坏描述：

实验者：　　　　　　　　　　　　计算者：
校核者：　　　　　　　　　　　　年　　月　　日

② 根据记录数据，作岩石试样的应力-纵向应变曲线、应力-横向应变曲线和应力-应变曲线，并计算变形模量和泊松比。

注意事项

① 试样制备过程中尽量避免产生人为裂隙。

② 使用惠斯通电桥仪器时，不能使“×1 000 Ω”测量盘示值为 0。使测量盘有足够读数位数，以确保测量精度。

③ 粘贴应变片时黏合剂要涂得薄而均匀，贴后细心检查粘贴质量，不能有气泡存在。

思考题

1. 惠斯通电桥仪器测量应变的原理是什么？电阻应变片及粘贴质量对测量结果有何影响？

2. 为什么粘贴电阻应变片时要避开大的晶体、斑晶、砾石及裂隙?

3. 为什么用 E_{50} 作为岩石变形模量?

4.2 岩石单轴抗压强度测定

单轴抗压实验

无侧限岩石试样在单向压缩条件下,岩石能承受的最大压应力称为单轴抗压强度,简称抗压强度。抗压强度是反映岩块基本力学性质的重要参数,它在岩体工程分类、建立岩体破坏判据中都是必不可少的。抗压强度测试方法简单,且与抗拉强度和剪切强度之间有着一定的比例关系,如抗拉强度为它的 3%~30%,抗弯强度为它的 7%~15%,从而可借助它大致估算其他强度参数。

实验目的

掌握岩石单轴抗压强度的实验方法,学会分析岩石单轴压缩过程的变形特征和破坏类型。

实验原理

岩石单轴抗压强度是岩石试样在单向受压至破坏时单位面积上所承受的最大压应力,计算公式如下:

$$\sigma_{\tau}=\frac{p}{A} \tag{4-7}$$

式中 σ_{τ}——岩石的单轴抗压强度,MPa;

p——岩石试样破坏荷载,N;

A——岩石试样截面积,mm^2。

实验仪器

① 岩石试样制备设备。

② 测量平台、卡尺、放大镜等。

③ 养护箱。

④ 单轴压力机。

实验内容与步骤

1. 试样制备

试样按前述章节方法制备,此处不再赘述。

试样规格:试件的高径比,即试件高度 h 与直径(或边长)D 的比值,它对岩块强度有明显的影响。一般来说,随 h/D 增大,岩块强度降低,其原因是随 h/D 增大导致试件内应力分布及其弹性稳定状态不同。当 h/D 很小时,试件内部的应力分布趋于三向应力状态,因而试件具有很高的抗压强度;相反,当 h/D 很大时,试件由于弹性不稳定而易于破坏,降低了岩块的强度；当 $h/D=2\sim3$ 时，试件内应力分布较均匀，且容易处于弹性稳定状态。因此，为了减少试件的尺寸影响及统一实验方法，国内有关实验规程规定：抗压实验应采用直径或边长为 5 cm、高径比为 2 的标准规则试件。本实验采用直径 50 mm、高 100 mm 或直径 25 mm、高 50 mm 的圆柱体试样，每组试样不少于 3 块。

试样制备精度要求同实验 4.1。

2. 试样处理

将试样根据实验目的按要求进行烘干或饱和处理。

试样烘干：在 105～110 ℃温度下将制备好的试样贴好标签置于养护箱中烘干 24 h。

饱水处理：采用自由浸水法饱和试样，操作方法与 3.3 节中试样自由浸水的操作方法相同。

3. 试样尺寸测量

按实验 3.1 中量积法的要求测量试样截面直径 D 和高 h，求取截面面积 A。

4. 安装试样、加载

将试样置于单轴压力机承压头中心，调整试样位置，使试样中心与压力机上部传感器中心正对，保证试样受载及传感器受力均匀。然后以 0.5～1.0 MPa/s 的加载速度加载，直至试样发生破坏，记下破坏荷载。试样加载过程中当接近破坏荷载时应减小加载速度，避免试样瞬间崩裂。

5. 岩石试件在单轴压缩时的破坏形态

岩石试件在单轴压缩时的破坏形态如图 4-5 所示。

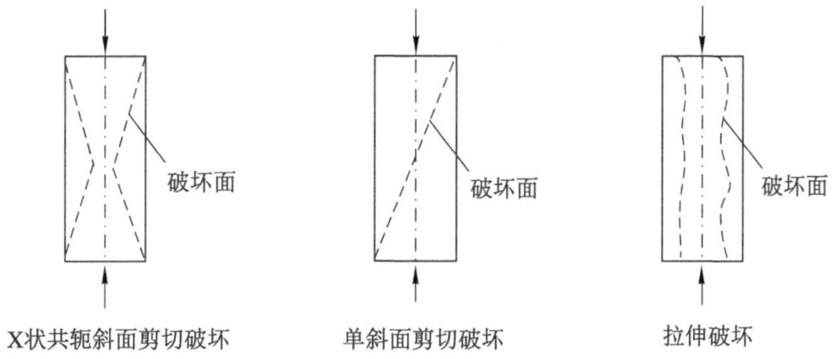

图 4-5　岩石试件在单轴压缩时的破坏形态

数据记录与处理

① 计算应力应变，绘制应力-应变曲线，与岩石的单轴压缩应力-应变标准曲线（图 4-6）进行对比。

② 整理并记录实验数据，见表 4-2。

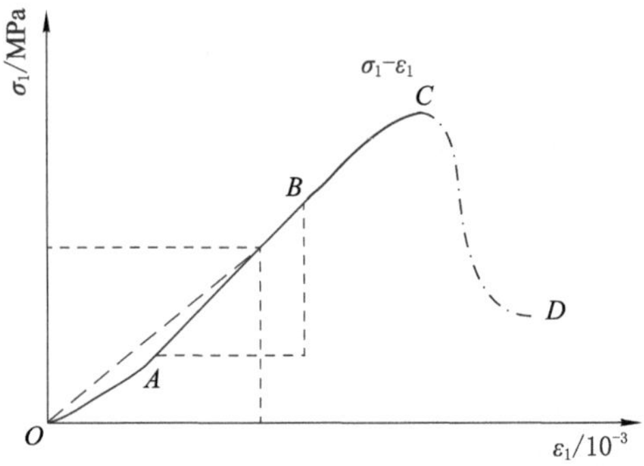

图 4-6　岩石单轴压缩实验应力-应变标准曲线

表 4-2　岩石单轴抗压强度实验记录表

试样编号	受力方向及时长	实验状态	试样尺寸/mm		截面积	破坏荷载	单轴抗压强度 σ_τ/MPa	
			直径	高	A/mm^2	p/N	单值	平均值
试样描述			试样破坏结果(描述试样破坏并作出轴向应力-应变曲线)					

实验者：　　　　　　　　　　　　　　　　　　　　　　　计算者：

校核者：　　　　　　　　　　　　　　　　　　　　　　　年　　月　　日

注意事项

① 在对试样加荷载前，需检查试样是否均匀受压。试样加载过程中当临近试样破坏时，一定要适当放慢加载速度，并事先设好防护罩，防止脆性坚硬岩石突然破坏时岩屑飞溅伤人。

② 当试件尺寸不符合标准时，采用经验公式来修正。对岩样高径比非标准室内实验，采用高径比修正系数：$K_{(h/D)}=8/[7+(2d/h)]$；对岩样尺寸大小非标准室内单轴实验，用直径修正系数：$K_D=[D/50]^{0.18}$；对小直径岩样的三轴实验，用轴向应力计算公式：$\sigma_1=\sigma_2+\dfrac{p-p_0}{A}K_D$。其中，$K_{(h/D)}$为高径比修正系数；$K_D$ 为直径修正系数；σ_1 和 σ_3 分别为轴向应力和侧向应力；p 和 p_0 分别为轴向载荷和侧向应力由 0 增加至 σ_3 时对应的轴向初始载荷；A 为圆柱体试样截面积。

思考题

1. 影响单轴抗压强度的实验条件有哪些？
2. 试样的形态、高径比和加载速度是怎样影响岩石单轴抗压强度的？

巴西劈裂实验

4.3 岩石抗拉强度测定

在巷道钻爆破过程中，岩石往往处在拉伸应力状态，顶板和底板易出现拉伸破坏。因此，详细地研究岩石的抗拉强度是必要的。目前测定岩石抗拉强度的方法很多，大致可分为直接拉伸法和间接法两大类。在测定岩石抗拉强度的直接拉伸法实验中，最大的困难是试件的夹持问题。为使拉应力均匀分布并便于夹持，需要专门制备试件，而制备它们又是不容易的，因此，为了测定岩石的抗拉强度研究出了大量的间接方法，而间接法又以劈裂法应用最为广泛。

劈裂法(也称巴西法)是在圆柱体试样的直径方向上施加线性载荷，使之沿试样直径方向破坏的实验。劈裂法可用于测烘干、自然干燥和饱和的试样，不适用于软弱岩石。下面就劈裂法进行重点介绍。

实验目的

① 掌握采用劈裂法测定岩石抗拉强度的方法。

② 与岩石单轴抗压强度进行比较，了解脆性岩石材料的强度特点。

实验原理

劈裂法测定岩石抗拉强度是国际岩石力学学会标准推荐的方法，以圆盘试样为例，劈裂法实验如图4-7所示，对称圆盘试样受集中载荷 p 的作用，依据弹性理论得知，圆盘加载直径上任一点(x,y)的应力状态如图4-8所示，得式(4-8)和式(4-9)：

$$\sigma_x = -\frac{2p}{\pi DL} \tag{4-8}$$

$$\sigma_y = \frac{2p}{\pi DL}\left(\frac{4D^2}{D^2-4y^2}-1\right) \tag{4-9}$$

式中 p——载荷，N；

D——试件直径，mm；

L——试件高度，mm。

试样中心处$(y=0)$的应力为：

$$\sigma_{x0} = -\frac{2p}{\pi DL} \tag{4-10}$$

$$\sigma_{y0} = \frac{6p}{\pi DL} \tag{4-11}$$

由式(4-10)、式(4-11)可知,圆盘试样中心处压应力是拉应力的 3 倍,但岩石抗拉强度远低于抗压强度,一旦拉应力达到试样的抗拉强度,中心即发生破坏,通常认为拉应力对破裂起主导作用。

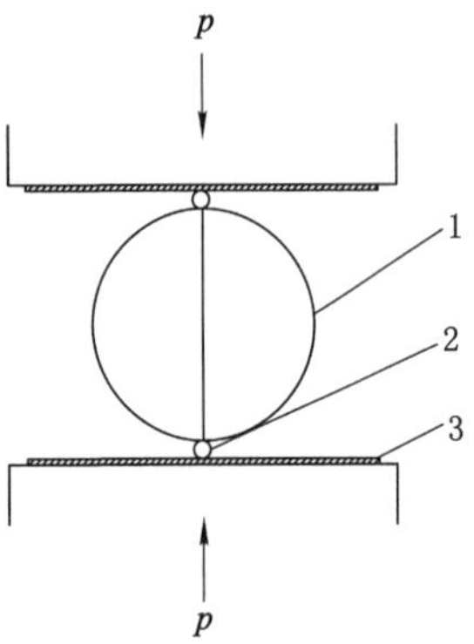

1—承压板;2—试样;3—钢丝。

图 4-7 劈裂法实验

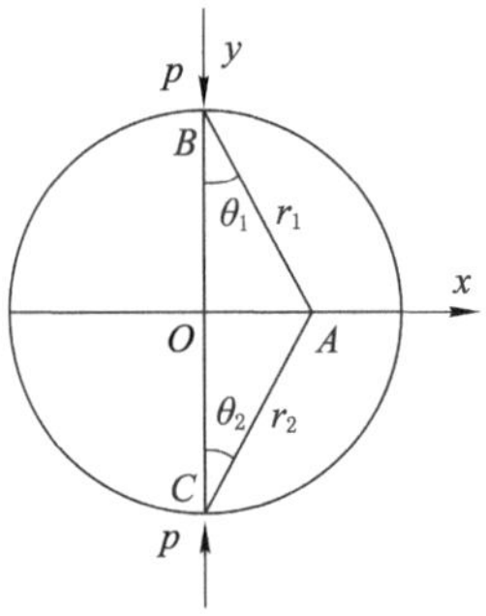

图 4-8 劈裂圆盘试样受力示意图

实验仪器

① 微型重载压力机。

② 劈裂模具,示意图如图 4-9 所示。

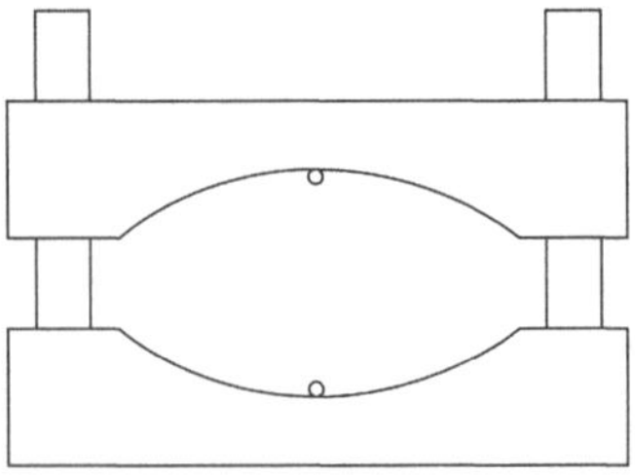

图 4-9 劈裂模具示意图

③ 测量平台、卡尺、放大镜等。

④ 试样制备设备：钻石机、切石机、磨石机。

⑤ 养护箱。

实验内容与步骤

1. 试样制作

试样制作方法同实验 2.2。劈裂实验试样一般采用直径 50 mm、高度 50 mm 的圆柱体或边长 50 mm 的立方体。本实验采用圆柱体试样，每组试样不少于 3 块。

制作试样应满足如下要求：

① 在取样、运输和制备过程中应避免扰动，不允许人为裂隙出现。制备试件时应采用纯净水作冷却液。

② 试样尺寸的允许变化范围不宜超过±5%。

③ 对于非均质的粗粒结构岩石，或取样尺寸小于标准尺寸者，允许使用非标准试样，但高径比必须满足标准试样的要求。

④ 对于试样制备精度，整个厚度上，直径最大误差不应超过 0.1 mm。两端不平行度不宜超过 0.1 mm。端面应垂直于试样轴线，最大偏差不应超过 0.25°。

⑤ 对于遇水崩解、溶解和干缩湿胀的岩石，除应采用干法制备试件的规定外，还应符合下列规定：

a. 试件劈裂面的受拉方向应与岩石单轴抗压实验的受力方向一致。

b. 试件应采用圆柱体，直径宜为 48～54 mm，高度与直径之比宜为 0.5～1.0，试件高度应大于岩石最大颗粒粒径的 10 倍。

2. 试样尺寸测量及描述

按照实验 3.1 中量积法的要求，测量试样的直径和高度，划出加载中线。试样描述的内容应包括：

① 岩石名称、颜色、矿物成分、风化程度。

② 试件层理、裂隙及其与加载方向的关系。

③ 试件在制备过程中出现的问题。

④ 试件尺寸和加工精度。

⑤ 含水状态。

3. 试样烘干或饱水处理

根据实验要求需要对试样进行烘干或饱水处理。

试样烘干：在 105～110 ℃温度下将制备好的试样贴好标签置于养护箱中烘干 24 h。

饱水处理：采用自由浸水法饱和试样，操作方法与 3.3 节中试样自由浸水的操作方法相同。

4. 安装试样、加载

① 通过试样直径的两端，沿轴线方向划两条相互平行的加载基线，将划好基线的试样放入劈裂模具中，拧紧插销，沿加载基线固定好试样。

② 将装好试样的模具置于压力机压头中心，调整模具位置，使试样受力均匀，并使模具

加载垫条在压头加载轴线上。

③ 以 0.3～0.5 MPa/s 的加载速度加载，直至试样破坏，记录下破坏荷载，描述试样破坏后的形态。

5. 计算

按式(4-10)计算圆柱体岩石试样的抗拉强度，计算值取三位有效数字。

数据记录与处理

整理并记录实验数据，见表 4-3。

表 4-3　岩石抗拉强度实验数据记录表

<table>
<tr><td rowspan="2">试样编号</td><td colspan="3">试样尺寸</td><td rowspan="2">破坏荷载
/kN</td><td rowspan="2">抗拉强度
/MPa</td><td rowspan="2">平均抗拉强度
/MPa</td></tr>
<tr><td>平均直径/mm</td><td>平均高度/mm</td><td>横截面积/mm^2</td></tr>
<tr><td></td><td></td><td></td><td></td><td></td><td></td><td rowspan="3"></td></tr>
<tr><td></td><td></td><td></td><td></td><td></td><td></td></tr>
<tr><td></td><td></td><td></td><td></td><td></td><td></td></tr>
<tr><td colspan="3">试样描述</td><td colspan="4">试样破坏描述(作出抗拉强度的应力-应变曲线)</td></tr>
<tr><td colspan="3"></td><td colspan="4"></td></tr>
</table>

实验者：　　　　　　　　　　　　　　　　　　计算者：

校核者：　　　　　　　　　　　　　　　　　　年　　月　　日

注意事项

① 试样放于劈裂模具中，上、下两根垫条应与试样中心面位于同一平面内，以免产生偏心荷载。

② 破坏面必须通过上、下两面加载线，如果只产生局部破坏，必须重新进行实验。

思考题

1. 同一岩性的岩石分别用劈裂法和直接拉伸法进行实验，如果不考虑其他因素的影响，求得的抗拉强度是否相同？为什么？

2. 试比较直接拉伸法与劈裂法的异同点。

4.4　岩石剪切强度测定

岩石的剪切强度是岩石抵抗剪应力破坏的最大能力。根据实验时的应力状态和实验条件，可将岩石剪切强度细分为抗剪断强度、抗切强度和抗剪强度。

抗剪断强度是指岩石在一定法向应力下沿某一剪切面能抵抗的最大剪应力。岩石的抗剪断强度与法向应力近似地服从库仑定律，见下式：

$$\tau = \sigma \tan \varphi + c \tag{4-12}$$

式(4-12)中的内摩擦角 φ 和内聚力 c 是反映岩石在法向应力 σ 作用下剪切强度 τ 的参数，国内外常用变角板法求得。

抗切强度是指岩石在法向应力为零时能抵抗的最大应力。当法向应力为零时，岩石的抗切强度应等于内聚力，见下式：

$$\tau = c \tag{4-13}$$

抗剪强度是指岩石沿原有破坏面在一定法向应力作用下能抵抗的最大剪应力。这时的岩石剪切强度主要取决于内摩擦阻力，而内聚力则很小甚至趋于零，见式(4-14)。实验时标准岩石试样在有正应力的条件下，剪切面受剪力作用而使试样剪断破坏时的剪力与剪断面积之比，即为抗剪强度。

$$\tau = \sigma \tan \varphi \tag{4-14}$$

目前室内测定岩石剪切强度的方法很多，如单面和双面剪切等直接剪切实验和变角板法、冲孔实验以及三轴实验等。本节主要介绍国内外常用的变角板及双面(单面)剪切实验。

4.4.1　变角板法测定抗剪断强度

实验目的

① 掌握采用变角板法测定岩石抗剪断强度的方法。

② 掌握岩石抗剪断强度的计算方法。

实验原理

变角板法是将岩石试样放入一套特制的夹具，将夹具置于压力机压头上施加垂直荷载，通过施压使试样沿某一剪切面产生剪切破坏，然后通过静力平衡条件计算确定剪切面上的法向压应力和剪应力，从而绘制法向压应力(σ)与剪应力(τ)之间的关系曲线，求得岩石的内聚力(c)和内摩擦角(φ)。

实验仪器

① 岩石试样制备设备。

② 压力机：见实验 4.1。

③ 变角板法剪切夹具：要求在 45°～70°范围内有 4～5 个角度可以调整，如图 4-10 所示。

④ 游标卡尺：精度为 0.01 mm。

实验内容与步骤

1. 试样制备

试样为边长 5 cm 的立方体，每组加工 4～8 块。试样加工精度要求：相邻面间应互相垂

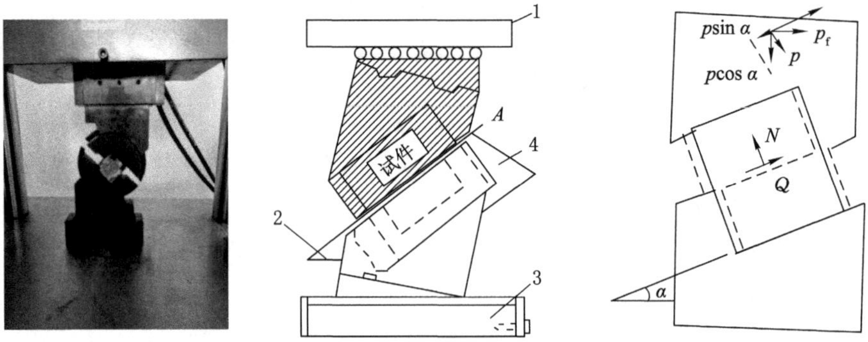

1—上压板；2—变角倾角；3—下压板；4—变角板。

图 4-10　变角板法剪切实验夹具及受力情况

直，偏差不超过 0.25°；相对两面需互相平行，不平行度不得大于 0.05 mm。

2. 试样描述及尺寸测量

试样描述同 4.3 节中的内容。描述后测量预定剪切面的边长，求出剪切面面积，并做好标记。根据实验要求对试样进行烘干或饱水处理，处理方法与前述相同。

3. 安装试样

将变角板剪切夹具用绳子拴在压力机承压板间，要求夹具的中心与压力机的中心线重合，然后调整夹具上的夹板螺丝，使刻度达到所要求的角度，将试样安装于变角板内。

4. 加载试样

开动压力机，使剪切夹具在压力机压头带动下与上方压力传感器接触，然后调整压力传感器读数到零，以 0.5～1.0 MPa/s 的加荷速度加载，直至试样破坏，记录破坏载荷 p。

5. 破坏试样描述

卸载压力机压头，取出被剪破的试样进行描述，内容包括破坏面的形态及破坏情况等。

6. 重复实验

变角板夹具的角度 α，一般在 45°～70°内选择，以 5°为间隔如 45°、50°、55°、60°、65°、70°，重复步骤 3～5，取得不同角度下的破坏荷载。

7. 计算

(1) 剪切面应力计算

按以下两式计算作用在剪切面上的剪应力 τ 和正应力 σ：

$$\tau = \frac{p}{A}(\sin\alpha - f\cos\alpha) \tag{4-15}$$

$$\sigma = \frac{p}{A}(\cos\alpha + f\sin\alpha) \tag{4-16}$$

式中　τ——破坏面上的剪应力，MPa；

σ——破坏面上的正应力，MPa；

p——施加在剪切夹具上的破坏荷载，N；

A——试样剪切面面积，mm^2；

α——试样放置角度（变角板角度），(°)；

f——滚轴摩擦系数，$f=\frac{1}{nd}$，n 为滚轴根数，d 为滚轴直径。

(2) 岩石抗剪断强度参数计算

按以下两式计算岩石抗剪断强度参数 φ 和 c，计算结果精确到小数点后两位：

$$\varphi=\arctan\frac{n\sum_{i=1}^{n}\sigma_i\tau_i-\sum_{i=1}^{n}\sigma_i\sum_{i=1}^{1}\tau_i}{n\sum_{i=1}^{n}\sigma_i^2-\left[\sum_{i=1}^{1}\sigma_i\right]} \tag{4-17}$$

$$c=\frac{\sum_{i=1}^{n}\sigma_i^2\sum_{i=1}^{n}\tau_i-\sum_{i=1}^{n}\sigma_i\sum_{i=1}^{n}\sigma_i\tau_i}{n\sum_{i=1}^{n}\sigma_i^2-\left[\sum_{i=1}^{n}\sigma_i\right]^2} \tag{4-18}$$

式中　φ——岩石的内摩擦角，(°)；

c——岩石的内聚力，MPa；

σ——岩石试样的破坏正应力，MPa；

τ——岩石试样的破坏剪应力，MPa；

n——岩石试样块数。

数据记录与处理

① 整理数据记录表格，见表 4-4。

表 4-4　变角板法抗剪强度实验记录表

试样编号	试样尺寸/mm			剪切面积/mm^2	放置角度/(°)	破坏荷载/N	正应力/MPa	剪应力/MPa	强度参数	
	长	宽	高						c/MPa	φ/(°)
试样描述				试样破坏描述及作图						

实验者：　　　　　　　　　　　　计算者：

校核者：　　　　　　　　　　　　年　　月　　日

② 以剪应力(τ)为纵坐标、法向应力(σ)为横坐标，将每一试样的 σ、τ 标在坐标系中，以最佳方法拟合一直线（强度包络线），并在图中求得岩石的内摩擦角(φ)和内聚力(c)。将各

测定内摩擦角下的平均正应力和平均剪应力值画在直角坐标系中，绘图得到不同角度下的正应力和剪应力平均值。

注意事项

① 实验过程中应在压力机周围增加防护罩，防止试件破裂崩出，对实验人员造成伤害。

② 变动变角板角度时，应先调整上剪切板，调整过程中要用手托住变角板以防止变角板掉下来；上剪切板角度调整好后，再调整下剪切板，此时虚放一块四方柱形铁块代替试样。

思考题

1. 实验时，放置角为什么在45°～70°内选择？从应力分布角度分析，该角度太小或太大会出现什么结果？

2. 试阐述变角板法的特点（包括优点和缺点）。

4.4.2 双面（单面）剪切法

实验目的

① 掌握双面剪切法测定岩石抗剪断强度的实验方法。

② 掌握双面剪切法岩石抗剪断强度的计算方法。

实验原理

双面剪切的夹具是由三块钻有圆孔的钢块构成的，实验时将圆柱形试件放入圆孔中，在中间部分加载，试件沿两个面被剪断，如图4-11所示。单面剪切的夹具则由试件固定框架和加荷剪切刀具组成。实验时，由加荷刀具将固定在框架中的试件切断（图4-12），以求岩石的抗剪强度。

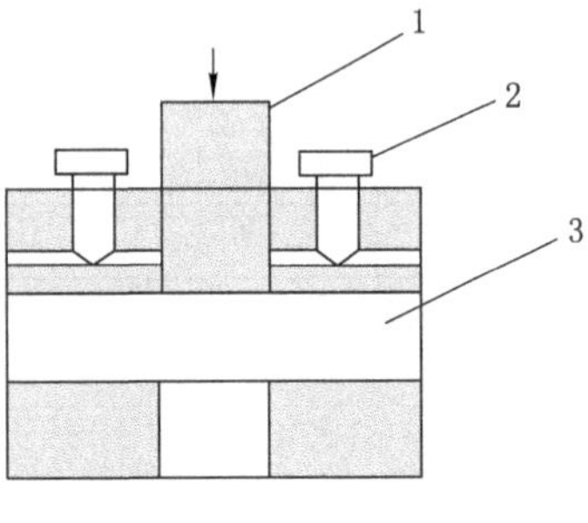

1—加载板；2—固定螺丝；3—试件。

图4-11　双面剪切

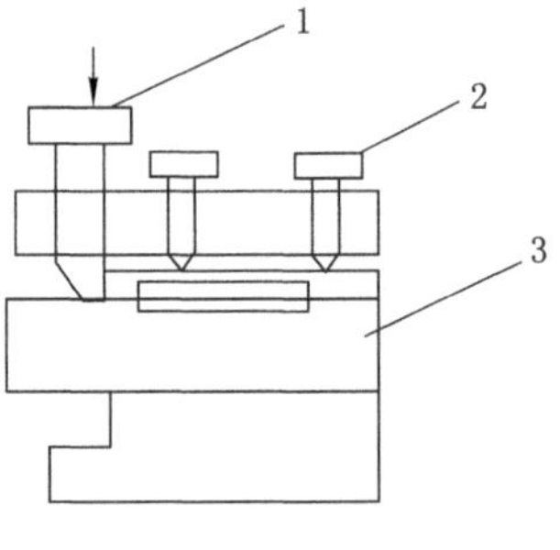

1—剪切刀具；2—固定螺丝；3—试件。

图4-12　单面剪切

双面（单面）剪切实验的目的是测定岩石的抗切强度，由于剪切面上的法向应力为零，因此抗剪切强度仅取决于岩石的内聚力。

实验仪器

① 岩石试样制备设备。
② 压力机：见实验 4.1。
③ 双面剪切夹具或单面剪切夹具。
④ 测量平台、卡尺、放大镜等。
⑤ 其他：烘箱、干燥器。

实验内容与步骤

1. 试样制备

双面剪切实验采用直径 90 mm、长 200 mm 的岩芯柱体。单面剪切实验采用长 120 mm、宽 40 mm、高 20 mm 的长方柱体。以上试样每组需制备 3 块，试样加工精度为 0.01 mm。

2. 试样描述及尺寸量测

试样描述同 4.3 节中的内容。描述后需根据实验要求对试样进行烘干或饱水处理，处理方法与前面章节相同。根据量积法中的要求，测量试样尺寸，求得预定剪切面的面积 A，并做好标记。

3. 安装试样

用双面剪切夹具时，将试样放在剪切夹具内，旋紧两边的固定螺丝，并将加载板对准试样中间受剪切的标记处。

用单面剪切夹具时，将试样放在固定框架内固定好，并将剪切刀具对准试样受剪切的标记处，然后固定螺丝。

4. 施加载荷

将安装有试样的剪切夹具置于压力机承压板中心，开动压力机并调整读数指针到零，然后以 0.3～0.5 MPa/s 的速度加载，直至试样破坏，记下破坏荷载 p。

5. 计算

岩石抗切强度计算公式见以下两式，计算结果准确至小数点后一位。

双面剪切：

$$\tau_c = \frac{p}{2A} \tag{4-19}$$

单面剪切：

$$\tau_c = \frac{p}{A} \tag{4-20}$$

式中　τ_c——岩石的抗切强度，MPa；
p——试件破坏荷载，N；
A——剪切面的面积，mm^2。

6. 关系曲线

剪应力-剪切位移关系曲线如图 4-13 所示，剪切强度-正应力关系曲线如图 4-14 所示。

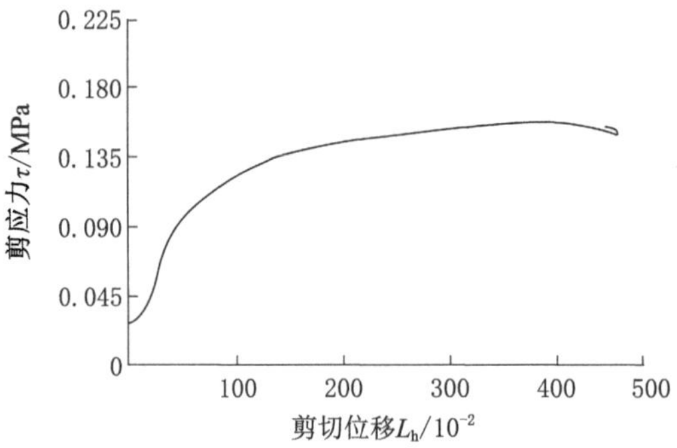

图 4-13　剪应力-剪切位移关系曲线

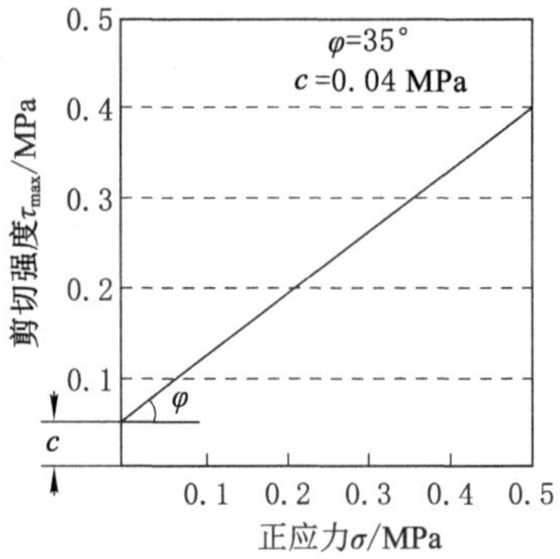

图 4-14　剪切强度-正应力关系曲线

数据记录与处理

整理数据并记录，见表 4-5。

表 4-5　双面(单面)剪切法抗剪切强度实验记录表

试样编号	实验状态	受力方向	试样尺寸/mm		破坏荷载/N	强度参数	
			高	直径		c/MPa	φ/(°)
试样描述			试样破坏描述及抗剪切强度曲线图				

实验者：　　　　　　　　　　　　　　　　计算者：

校核者：　　　　　　　　　　　　　　　　年　　月　　日

思考题

试比较变角板法、双面剪切法、单面剪切法实验的优缺点。

4.5　岩石抗折强度测定

岩石的抗折强度(或称弯曲强度)是指岩石受弯曲或轴向拉力至折断时所能承受的最大压力或拉力。岩石的抗折强度也称弯曲强度,岩石的弯曲强度实验分为直接拉伸法和间接拉伸法两种。岩石试件由于不易加工,很难用于做直接拉伸实验,故不做介绍。间接拉伸法包括抗弯曲法(三点弯曲和四点弯曲)、巴西劈裂法。巴西劈裂法已在前面介绍了,本节重点对三点弯曲法进行详细介绍。

实验目的

① 了解岩石抗折强度测定的原理。

② 掌握三点弯曲实验测定抗折强度的方法。

实验原理

三点弯曲测定岩石抗折强度是将岩石加工成条形试件,置于三点弯曲实验装置上,如图 4-15 所示,然后在其中点施加集中荷载,直至试件破坏,从而通过弹性力学方法求得岩石的抗折强度。

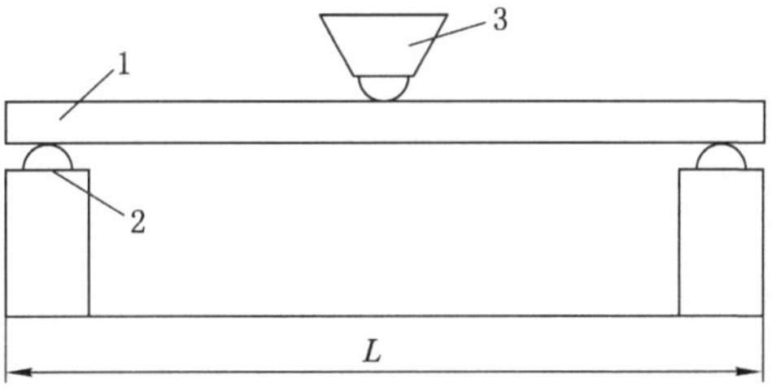

1—试样;2—下支点;3—上支点。

图 4-15　三点弯曲实验装置

适用条件:① 岩石是各向同性的线弹性材料;② 满足平面假设的对称面内弯曲。计算公式为:

$$\sigma_t = \frac{\sigma}{A} = \frac{MC}{I} \tag{4-21}$$

式中　σ_t——三点弯曲梁内的最大拉应力,MPa;

M——作用在试件上的最大弯矩,N·mm;

C——试样边缘到中性轴的距离($L/2$),mm;

I——试样截面绕中性轴的惯性矩($bh^3/12$),mm^4。

实验仪器

① 岩石试样制备设备。

② 测量平台、卡尺、放大镜等。

③ 微型重载压力机。

④ 三点弯曲实验装置,装置组成如图 4-15 所示。

⑤ 其他:烘箱、干燥器等。

实验内容与步骤

1. 试样制备

试件规格采用长 100 mm、宽 30 mm、高 15 mm 的长条形柱体,每组 3 块。加工精度要求:宽、高的误差不大于 0.1 mm,长度误差不大于 1 mm。受力的上、下两面应平行,相邻面应互相垂直,并且在试件上不允许有肉眼可见的裂纹。

2. 试样描述

实验前应详细描述试件的岩性、结构构造、结构面特征、试件端部和边角形态等,并按实验要求对试件进行烘干或饱水处理。

3. 测量试样尺寸

按量积法测量试样的长 l、宽 b 和高 h,并在中心及距中心 5 cm 的部位做出标记。

4. 安装试样

调节三点弯曲实验装置上的两个下支点,使其间距为 8 cm,然后将试件放置在该两支点上(图 4-15),安装时应使支点分别对准试件两端的标记,并使加荷支点(上支点)对准试件中心部位。加载时涂润滑剂,垫块大小合适,尽量减小支座处水平方向产生摩擦力的影响。因为即使将加载速度降到最低,实验时仍不可避免造成水平方向支座摩擦力的产生。

5. 加载

① 试件安装好后,将三点弯曲实验装置置于微型重载压力机压头上,对准压头上的位置刻线。

② 开动压力机,调整压力传感器读数到零位,然后以 0.1~0.2 MPa/s 的加荷速度加载,加初始载荷 p_0,直至试件破坏,记下破坏荷载(p)。

6. 计算

岩石的矩形梁试样抗折强度 R_b 计算见下式,计算结果精确至小数点后二位。

$$R_b = \frac{3p_{max}L}{2bh^2} \tag{4-22}$$

式中 R_b——岩石试样抗折强度,MPa;

p_{max}——试样的破坏荷载,N;

L——下支点的跨距，mm；
b——试件的宽度，mm；
h——试件的高度，mm。

数据记录与处理

整理数据并记录，见表4-6。

表4-6 岩石试样抗折强度实验数据记录表

试样编号	试样状态	受力方向	试样尺寸/mm		破坏荷载/N	抗折强度 R_b/MPa		备注
			宽 b	高 h		单值	平均值	
试样描述			试样破坏描述及抗折强度曲线图					

实验者：　　　　　　　　　　　　　　　　　　计算者：
校核者：　　　　　　　　　　　　　　　　　　年　月　日

注意事项

① 安装试件时应特别注意使试件轴心线与压力机轴心线对准。

② 应严格控制加荷速度，切忌加荷速度过快而产生冲击。

③ 加载时要求：a. 有足够的初始力；b. 能连续加载荷而没有冲击；c. 测力示值误差应小于2%。

思考题

1. 三点弯曲法测定岩石抗折强度实验模拟的是怎样一种应力状态？
2. 试列举三点弯曲法测定岩石抗折强度实际工程实例。

4.6 岩石点荷载强度测定

岩石点荷载强度是快速测定岩石抗拉强度的实验方法，可以使用现场的不规则试件或岩芯试件进行测试，可作为岩石强度分类及岩体风化分类的指标，也可用于评价岩石强度的各向异性程度，预估与之相关的其他强度，如单轴抗压强度和抗拉强度等指标。岩石点荷载强度测定实验的优点是可用于室内与现场实验，特别适于破碎、强度低及易风化岩样的现场快速强度测定实验；缺点是实验结果的离散性较大，因此需要多个试样进行实验。

实验目的

① 了解岩石点荷载强度的测定原理。

② 掌握岩石点荷载强度测定实验方法。

实验原理

岩石点荷载强度测定是将岩石试样置于两个球形圆锥状压板之间，对试样施加集中荷载，直至破坏，然后根据破坏荷载求得岩石的点荷载强度，见下式：

$$I_s = \frac{p_t}{D} \tag{4-23}$$

式中 I_s——岩样的点荷载强度，MPa；

p_t——破坏荷载，N；

D——破坏时两加载点间的距离，mm。

此时，岩样的抗拉强度 R_t 可按下式计算：

$$R_t = KI_s \tag{4-24}$$

式中 K——系数，一般取 0.86～0.96。

实验仪器

① 点荷载实验装置，如图 4-16 所示。该装置上加载锥头可以固定于微型重载压力机框架的上梁，下加载锥头固定于压力机加载压头。锥头采用坚硬材料制成，球端呈圆锥状，球面曲率半径为 5 mm，圆锥的顶角为 60°。

② 游标卡尺：保证试样加荷点间的测量精度达到±0.2 mm。

③ 其他：养护箱、地质锤等。

实验内容与步骤

1. 试样制备

① 试样分组：实验可用岩芯样、规则或不规则岩块样，将肉眼可辨的、工程地质特征大致相同的岩石试样分为一组，如果岩石是各向异性的（如层理、片理明显的沉积岩和变质岩），还应再分为平行和垂直于层理加载的亚组，每组试样约 15 块。

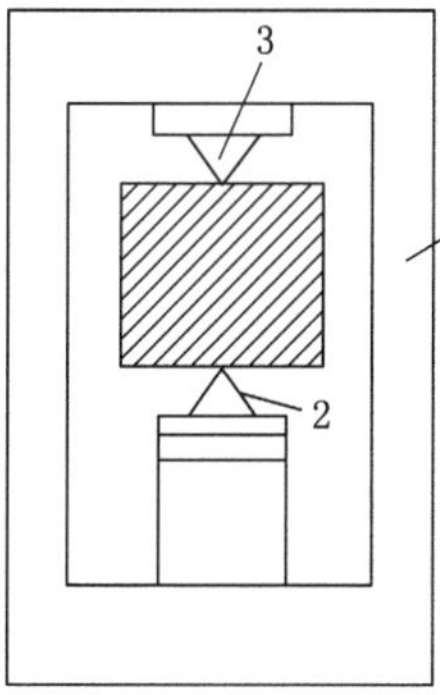

1—压力机框架；2—点荷载下加载锥头；3—点荷载上加载锥头。

图 4-16 点荷载实验装置

② 试样加载点附近的岩面要修平整，对不同形状试样尺寸要求：

a. 岩芯径向实验中试样的长度与直径之比应大于 1.0。

b. 岩芯轴向实验中两加荷点间距与直径之比为 0.3～1.0。

c. 规则或不规则岩块样的两加载点间距为 30～50 mm，与加载处平均宽度之比为 0.3～1.0，试样长度不应小于加荷点间距。

③ 根据实验要求对试样进行烘干或饱水处理。

a. 烘干试样：在 105～110 ℃温度下烘干 12 h。

b. 饱水试样：饱水试样的浸水饱和方法参见 3.3 节中岩样自由浸水的方法。

2. 试样描述

描述的内容包括岩性、结构构造特征（如颗粒粗细、排列及节理、层理等发育特征）及风化程度等。

3. 试样尺寸测量

① 岩芯及规则岩样：分别测量试样的长（L）、宽（W）、高（h）的尺寸。

② 不规则岩样：过试样中心点测量试样长（L）、宽（W）、高（h）的尺寸。

4. 安装试样

上、下加载锥头安装于压力机上，使上、下两个加载锥头准确对中，然后将试样放置在点荷载实验装置中。操作压力机升起下加载锥头，使加载锥头与试样的最短边方向（h 边）紧密接触，注意让接触点尽量与试样中心重合。

用方块状或不规则状岩块体实验时，选择试样最小尺寸方向为加载方向，接触点距试样自由端的最小距离不小于两加载点间距的一半。若要测定结构面的强度，则应确保两加载点的连线在同一结构面中。

5. 加载

试样安装好后，调整压头位置，使压力传感器读数为零，以 2～5 MPa/s 的加载速度匀速加载，记下破坏时的压力。试样破坏应在 10～60 s 内完成。

6. 破坏面尺寸测量

试样破坏后，需对破坏面的尺寸进行测量。测量的尺寸包括上、下两加载点间的距离

(D)和垂直于加载点连线的平均宽度(W),岩芯径向实验、岩芯轴向实验、方块体实验和不规则块体实验四种情况下 D 和 W 的测量方法如图 4-17 所示,测量误差不超过±0.2 mm。

7. 重复实验

重复步骤 3~6,对其余试样进行实验。

8. 计算

① 试样破坏面积和等效圆直径的平方值按以下两式进行计算:

$$A_f = DW_f \tag{4-25}$$

$$D_e^2 = \frac{4A_f}{\pi} \tag{4-26}$$

式中 A_f——试样的破坏面积,mm^2;

D——试样在破坏面上垂直于加荷点连续的平均宽度,mm;

W_f——试样破坏面上垂直于加荷点连续的平均宽度,mm;

D_e——等效圆直径,面积与破坏面面积相等的圆的直径,mm。

② 岩石试样的点荷载强度计算公式:

$$I_x = \frac{p}{D_e^2} \tag{4-27}$$

式中 p——试样破坏时的荷载,N;

I_x——未经修正的点荷载强度,MPa;

③ 点荷载强度结果修正。当加荷两点间距不等于 50 mm 时,应当对点荷载强度的计算结果进行修正。当实验数据较多时,按下式进行修正:

$$I_{x(50)} = FI_x \tag{4-28}$$

$$F = \left(\frac{D_e}{50}\right)^m \tag{4-29}$$

式中 $I_{x(50)}$——修正后的岩石点荷载强度,MPa;

F——修正系数;

m——修正指数,由同类岩石的经验值确定,通常 $m=2(1-n)$,n 为 $\lg p$-$\lg D_e^2$ 关系曲线的斜率。

当实验数据较少时,按下式进行修正:

$$I_{x(50)} = \frac{p_{50}}{2\ 500} \tag{4-30}$$

式中 p_{50}——p-D_e^2 关系曲线中 2 500 mm^2 所对应的 p 值,MPa。

④ 求平均值。当测得的点荷载强度数据在每组 10 个以上时,将最高和最低值各去掉 2 个,如果测得的数据较少,则将最高和最低值去掉,然后再求剩余数据的算术平均值,作为该组岩石的点荷载强度,计算结果保留小数点后二位。

数据记录与处理

① 整理实验数据并记录于表 4-7。

② 整理试样破坏前后的描述资料。

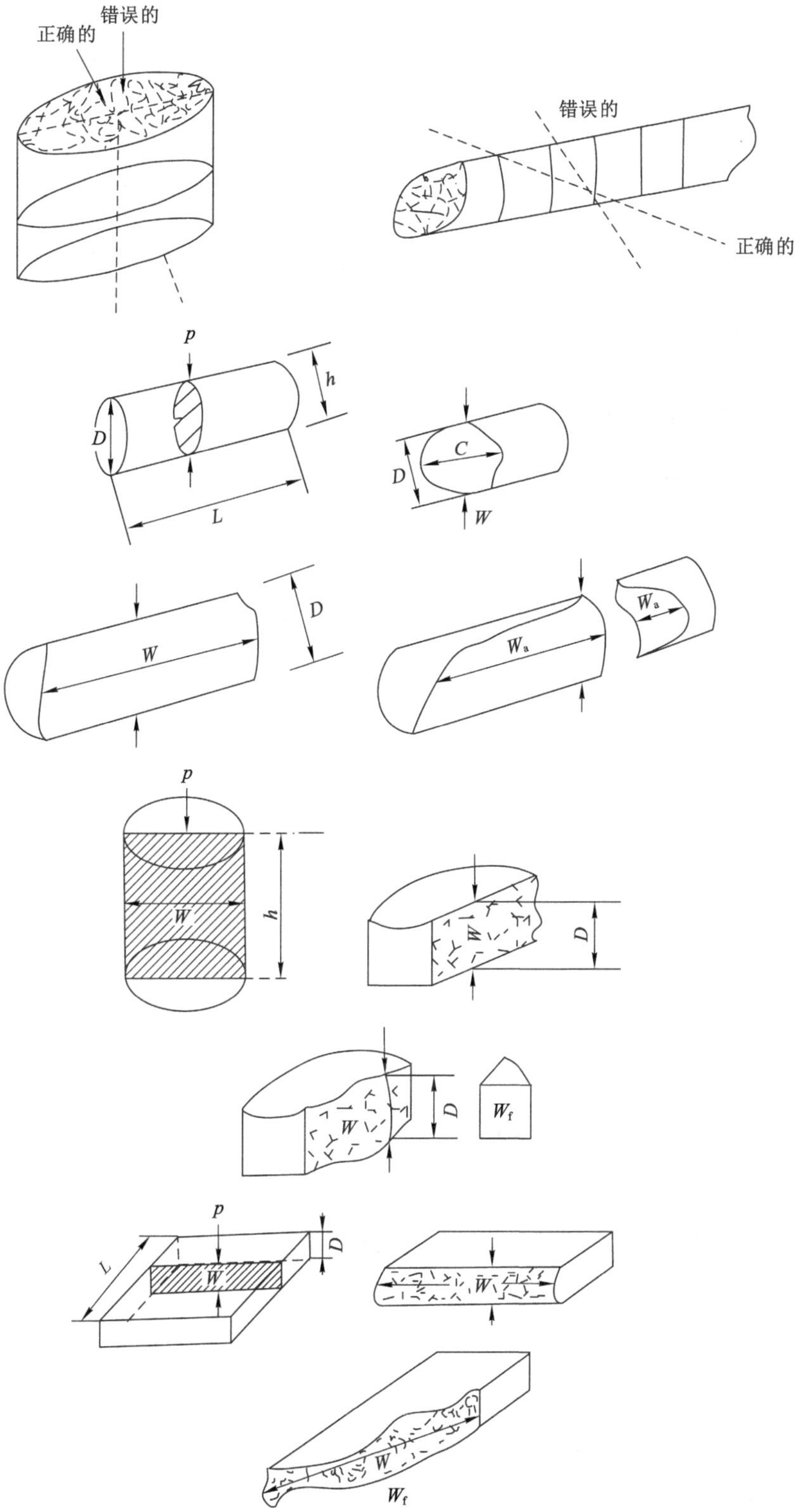

图 4-17　不同形状试样 L、W、D、W_f 的测量方法

表 4-7 点荷载强度实验数据记录表

试样编组				岩石名称				采样地点			
1	试样编号										
2	试样形状										
3	含水状态										
4	加载方向										
5	试样尺寸/mm	长 L									
6		宽 W									
7		高 h									
8	点荷载加载压力 p/MPa										
9	加荷点间距离 D/mm										
10	破坏面宽度 W_f/mm										
11	等效圆直径平方 D_e^2										
12	点荷载强度 I_x										
13	I_x 平均值/MPa										
14	试样破坏特征										

实验者： 计算者：

校核者： 年 月 日

注意事项

① 安装试样时，上、下加荷点要注意对准试样的中心，并使加载面垂直于加载点的连线。

② 对软岩进行实验时，加载锥头常有一定的嵌入度，因此在测两加载点的距离 D 时，应将游标卡尺对准试样破坏面上加载锥留下来的两个凹痕进行测量。

思考题

1. 点荷载实验时试样的破坏属于什么形式的破坏？
2. 同为测量岩石抗拉强度，点荷载实验与巴西劈裂实验相比有什么异同点？

4.7 岩石假(常规)三轴抗压强度测定

岩石三轴实验是岩石在三向应力状态下测定和研究岩石试件强度和变形特征的一种室内实验。三向应力状态是指 σ_1、σ_2、σ_3，当 $\sigma_1 \neq \sigma_2 \neq \sigma_3 > 0$ 时称为真三轴，当 $\sigma_1 > \sigma_2 = \sigma_3 > 0$ 时称为假三轴。通常指常规三轴实验，即 $\sigma_2 = \sigma_3$，也称假三轴抗压强度实验。

实验目的

在不同围压条件下进行天然含水状态岩石的三轴压缩强度实验，根据强度及变形特征，结合抗拉和抗压实验结果，确定岩石的极限应力圆包络线（强度包络线），并计算出内聚力和内摩擦系数。

实验原理

岩石三轴压缩条件下的强度与变形参数主要有：三轴压缩强度、内摩擦角、内聚力、弹性模量和泊松比。室内三轴抗压强度测定实验是将圆柱体规则试样放在一密闭容器内，施加三向应力（$\sigma_1>\sigma_2=\sigma_3>0$）至试件破坏，研究其强度特性。在加载过程中同时测定不同荷载下的应变值。绘制出 σ_1-σ_3 应变关系曲线以及强度包络线，求得岩石的三轴抗压强度（σ）、内摩擦角（φ）、内聚力（c）、弹性模量（E）和泊松比（μ）等参数。三轴抗压强度实验装置和受力基本原理如图 4-18 所示。

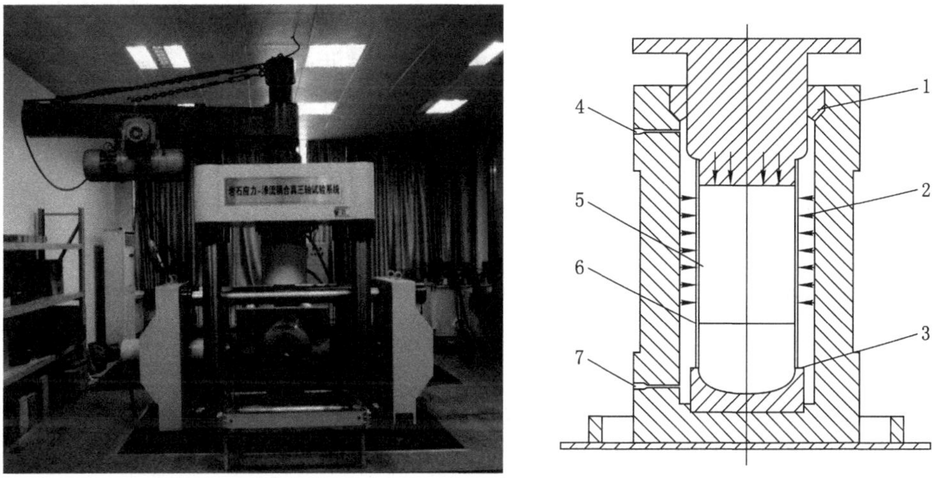

1—密封装置；2—侧压力；3—球形底座；4—出油口；5—岩石试样；6—乳胶隔离膜；7—进气口。

图 4-18　岩石三轴抗压强度实验

实验仪器

① 岩石三轴应力机由如下几部分组成。

a. 三轴应力室：由压力腔壳体、高压油入口、传力压杆等部件组成（图 4-19），传力压杆端面要光滑平整，平整度为 0.005 mm。

b. 轴向加载系统：由主体、电动高压泵及控制台等组成，要求该系统有足够的吨位，能连续加载，另外上、下承压板要相互平行，其中之一有球面座，轴向荷载达 5 000 kN。

c. 侧向加载系统：由控制台、电动液压泵、增压器和高压输油管组成，最大侧向压力可达 150 MPa。

如果没有专门的三轴压力机，也可以用普通的压力机，配上符合要求的简易三轴应力室和侧向加载装置代替，如图 4-20 所示。

② 变形测量设备：百分表及表座、电阻应变仪、电阻应变片等。

③ 其他：游标卡尺、乳胶套等。

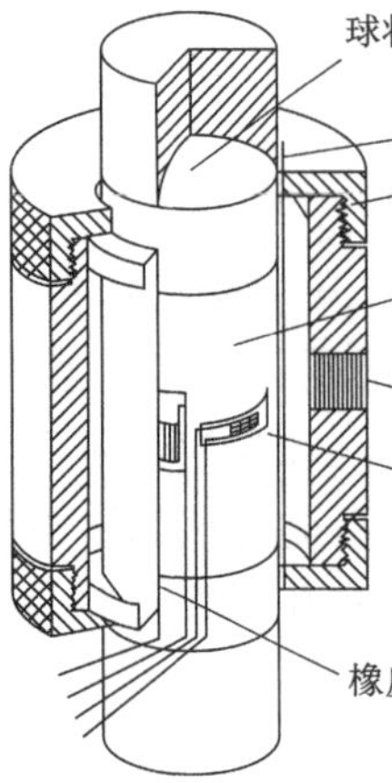

图 4-19　压力室结构图

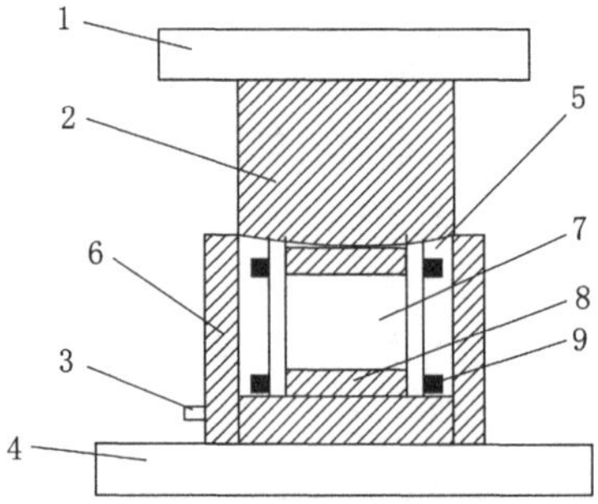

1—压力机上压头；2—三轴室活塞；
3—液压泵进油口；4—压力机下压板；
5—试件上封油塞；6—三轴压力室；7—岩石试件；
8—耐油胶套；9—试件下封油塞。

图 4-20　三轴压力室构造

实验内容与步骤

1. 试样制备

① 试样规格：采用直径 50 mm、高 100 mm，或直径 100 mm、高 200 mm 的圆柱体试样。

② 试样加工精度：加工的试样周边应光滑，沿整个高度上的直径误差不超过 0.3 mm，试样端面不平整度小于 0.2 mm，两端面不平整度最大不超过 0.05 mm；试样端面垂直于试样轴线，其最大偏差不超过 0.25°。

③ 试样数量：根据受力方向和含水状态要求，每种受力方向和含水状态制备 3～5 块。

2. 试样描述

试样描述内容包括岩石试样的名称、结构构造、矿物成分等岩性特点以及试样形态、结构面情况及与加载方向的关系等。

3. 尺寸测量

用游标卡尺沿轴线不同位置测量试样的高及上、中、下三个断面直径平均值作为试件的高和直径。

4. 试样防油处理

在试样表面涂一层胶液（如聚乙烯醇缩醛胶或类似的胶液），待胶液干后，试件两端放好上、下封油塞，在试件侧面套上耐油乳胶套，对试样较硬或坚硬裂隙不发育的岩石，可不用乳胶套，但须用塑料布包住，然后两端用封油圈扎紧，以防止试样破碎后过多的碎屑落入压力室中。

5. 实验步骤

① 将试件放入三轴压力室内，保证试件轴心线与三轴压力室轴心线对准。

② 安装变形测量装置。

③ 开动维压泵，向三轴室内注油，至液面充满压力后关闭油泵，放好活塞，将泵控制阀置于最大泄油位置，施加小的轴向载荷，使活塞与试件端面严密接触。

④ 开动泵和压力机，施加侧向压力同时施加轴向载荷，当侧向压力达到预定围压时，以 0.5～1 MPa/s 的应力速率施加轴向荷载，直至试件完全破坏，记录破坏荷载值。

6. 计算

① 不同侧向压力下的轴向应力按下式计算：

$$\sigma_i = \frac{p_i}{A} \tag{4-31}$$

式中　σ_i——不同侧向压力下的轴向应力，MPa；

p_i——某一侧向压力下试样的最大破坏荷载，N；

A——试样的原始断面面积，mm^2。

② 强度包络线绘制：用侧向应力 σ_3 作横坐标、轴向应力 σ_1 作纵坐标，绘制 σ_3-σ_1 关系曲线，在曲线上选取一段最佳直线段即强度包络线，求出其斜率(m)和在 σ_1 轴上的截距(b)。

③ 按以下两式计算该试样岩石的内摩擦角和内聚力：

$$\varphi = \arcsin \frac{m-1}{m+1} \tag{4-32}$$

$$c = -\frac{b(1-\sin\varphi)}{2\cos\varphi} \tag{4-33}$$

式中　φ——岩石的内摩擦角，(°)；

c——岩石的内聚力，MPa；

m——强度包络线直线斜率；

b——强度包络线直线段在 σ_1 轴上的截距。

④ 试样应变计算。由测微表测定变形时，按下式计算轴向应变：

$$\varepsilon = \frac{\Delta l_1 - \Delta l_2}{l} \tag{4-34}$$

式中　ε——轴向应变值；

l——试样平均高度，mm；

Δl_1——由测微表测定的总变形值，mm；

Δl_2——压力机系统变形值，mm。

数据记录与处理

① 整理实验数据并按要求记录于表 4-8。

② 绘制 σ_3-σ_1 关系曲线，绘制强度包络线并根据曲线求岩石的内摩擦角和内聚力。

③ 绘制应力-应变关系曲线，并根据关系曲线求岩石的弹性模量和泊松比。

④ 试样破坏前后描述资料整理。

表 4-8　岩石三轴抗压强度实验记录表

试样编号	受力方向	试样状态	试样尺寸/mm		破坏荷载/N	横截面积/mm^2	侧向应力/MPa	最大破坏荷载/N	轴向应力/MPa
			直径	高					

实验者：　　　　　　　　　　　　　　　　　　　　　　　　　　　计算者：

校核者：　　　　　　　　　　　　　　　　　　　　　　　　　　　年　　月　　日

注意事项

① 实验过程中，应认真观察各部件变化情况，严格按照操作规程操作，当操作台指针突然停顿时，说明试样即将破坏，此时应注意记录测微表读数。

② 安装试样中应打开排气阀，排除压力室内的空气，向压力室注油应适量，防止溢油过多。

思考题

1. 三轴抗压强度实验可以求得哪些力学性质参数？
2. 研究三向应力条件下的岩石力学性质有何实际意义？
3. 一般情况下怎样确定最小侧向压力？

4.8　岩石室内单轴压缩蠕变实验

岩石流变性能包括岩石的蠕变、应力松弛、与时间有关的扩容以及强度的时间效应等。通过岩石的流变性能，可以建立岩石的应力-应变-时间关系，即本构关系，计算岩石的应力、应变随时间的变化，因而这一现象在工程上可用来预测岩石的破坏，这对岩土工程的长期稳定性具有重要意义。岩石流变实验是研究岩石流变力学特性的主要手段，也是构建岩石流变本构模型的基础，岩石流变实验包括现场原位实验和室内实验两种方式。室内实验由于具有能够长期观察、可严格控制实验条件、排除次要因素、重复次数多和耗资少等优点，一直受到广泛的重视。室内流变实验方法主要有常应力下的蠕变实验和常应变下的松弛实验等。早在 20 世纪 30 年代，国外就有学者对页岩、灰岩进行蠕变实验。常应力条件下的蠕变实验有单轴压缩、扭转、弯曲、三轴压缩和剪切等形式，其中以单轴压缩和常规三轴压缩蠕变实验最为常见。

实验目的

① 掌握岩石单轴压缩蠕变实验方法。

② 观察单轴压缩蠕变过程的阶段变化。

③ 计算单轴压缩蠕变实验条件下岩石的应力、应变随时间的变化，建立岩石单轴压缩蠕变实验条件下的应力-应变-时间关系(即本构关系)。

实验原理

在一定温度和远低于岩石断裂强度的恒定单轴压力作用下，岩石在保持一定应力状态时应变会随时间增加。一般情况下，当荷载达到岩石瞬时强度(通常指岩石单轴抗压强度)时，岩石发生破坏，在岩石承受荷载低于其瞬时强度的情况下，如持续作用较长时间，由于流变作用，岩石也可能发生破坏。因此，岩石的强度是随外载作用时间的延长而降低，通常把作用时间 t_0 的强度称为岩石的长期强度。通过单轴压缩蠕变实验数据可确定岩石的长期强度。

实验仪器

① 单轴压缩流变仪。

② 试样制备设备：取芯机、切石机、磨片机等。

③ 测量设备：游标卡尺，精度 0.02 mm。

④ 试样养护设备：养护箱。

实验内容与步骤

1. 试样制备

蠕变实验每组 3～5 块试件，共 5～10 组。试样制备方法同实验 4.1。

2. 蠕变施加荷载估算

在蠕变实验之前，先对取自同一块岩样试件进行单轴抗压强度实验，获取岩石的瞬时抗压强度，并以此作为估算施加荷载的依据。

3. 加载方式

岩石的室内蠕变实验中有两种不同的加载方式：逐级增量加载方式和分级加卸载加载方式。逐级增量加载是先施加到第一级荷载，在该级荷载下蠕变经历给定的时间或蠕变达到稳定后，再在该级荷载的基础上加载增加到下一级荷载水平进行蠕变实验，直至试件发生破坏，如图 4-21 所示。分级加卸载加载方式是先施加到第一级荷载，在该级荷载下蠕变经历给定的时间或蠕变达到稳定后，卸载并观测蠕变变形随时间的恢复变形，直到变形稳定，然后再施加另一级荷载进行蠕变实验，直至试件发生破坏，如图 4-22 所示。

数据记录与处理

岩石单轴压缩蠕变实验数据从压力机导出后，应用 Origin 数据处理软件进行处理，然后绘制 σ-t 和 τ-t 曲线图，并描述岩石蠕变性能特征。

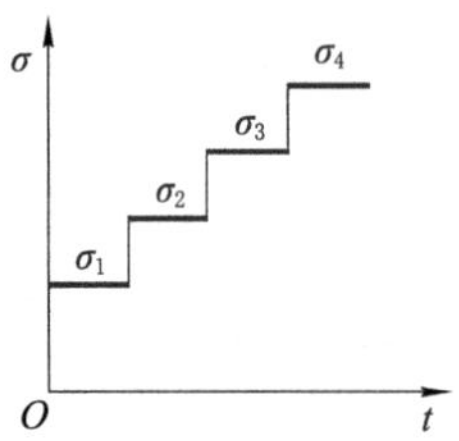

图 4-21 逐级增量加载

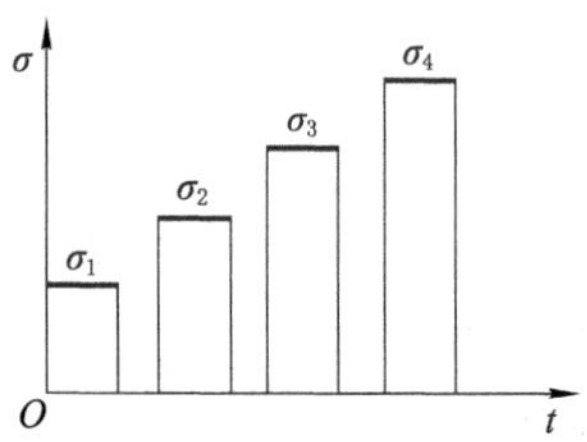

图 4-22 分级加卸载加载

思考题

1. 岩石蠕变性能实验过程中需要注意的事项有哪几项？
2. 通过蠕变性能实验说明岩石蠕变性能与哪些因素有关。

第 5 章　岩体力学性质现场测试

5.1　岩体变形实验

岩体变形实验是测定岩体在一定的荷载作用下变形特性指标而进行的岩体现场实验。通过实验测定岩体的变形模量(E_0)、弹性模量(E_e)及变形系数(D)等岩体工程中不可缺少的岩体力学参数。岩体中各种结构面的发育和分布,使其变形性质远比岩石的变形复杂得多,因而岩体的变形不能由岩石的变形所代替,必须通过岩体变形实验测定其变形指标,进而研究岩体的变形规律。本节就刚性承压板法岩体变形测定实验进行讲解。

实验目的

① 了解岩体变形实验的测试方法。

② 掌握刚性承压板法岩体变形实验的测试方法和实验步骤。

实验原理

刚性承压板法是通过刚性承压板,施力于无限空间的岩体表面而测量岩体变形的一种方法。通过在选定的岩体表面安装承压板,并在其上施加垂向或水平应力,按照弹性力学理论,计算出岩体在各级压力下的变形参数。该现场测试方法视岩体为均质、连续、各向同性的半无限弹性体。

实验仪器

图 5-1 为承压板变形测试仪器与安装示意图。承压板变形测试仪器共分为三部分:加压系统、传力系统和测试系统。

1. 加压系统

双油路千斤顶 1 台,电动液压油泵 1 台,高压油管及其接头若干。

2. 传力系统

① 刚性承压板:采用直径 50.45 cm、面积 2 000 cm^2、厚度 3 cm 的圆形钢板。

② 垫板:3 cm 厚、直径不等的圆形钢板若干,作为辅助承压板,用作传递压力。

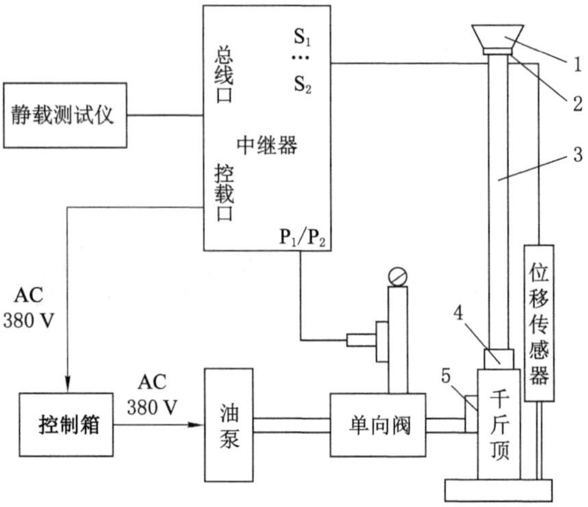

1—反力座；2—垫板；3—传力柱；4—千斤顶；5—高压油管。

图 5-1　承压板变形测试仪器与安装示意图

③ 传力柱：作传递压力用，需足够的刚度和强度，长度 10～50 cm 不等。

3. 测试系统

采用武汉岩海公司研制的 RS-JYE 桩基静载荷测试分析系统，包括 RS-JYB 主机 1 台、中继器 1 台、控制箱(控制电动油泵)1 台、位移传感器 8 只、压力传感器 1 只、油路接口 1 套、连线若干、软件 1 套。

实验内容与步骤

仪器设备安装调试经一定时间养护后即可开始实验，实验步骤如下：

1. 试点准备

① 试点岩体受力方向应与工程岩体实际受力方向一致。

② 试点的边界条件应满足下列条件：承压板边缘至洞壁的距离不小于承压板直径的 1.5 倍；相邻试点承压板边缘之间的距离应大于承压板直径的 3 倍；承压板边缘距洞口或掌子面的距离应大于承压板直径的 2 倍；试点表面以下在承压板直径的 3.0～3.5 倍范围内的岩体岩性相同。

③ 试点范围内受扰动的岩体应尽可能清除干净，清除的深度视岩体受扰动的程度而定。

④ 放置承压板处的岩体表面宜凿平，岩面的起伏差不超过 5 mm。当岩体破碎而达不到要求时，应用砂浆填平，承压板以外的岩体表面一般只要求大致平整，没有松动岩块或碎石即可。

⑤ 试点的顶板或后座的范围以不小于 30 cm×30 cm 的面积为宜，反力座表面应与试点表面平行，并要求表面平整。

⑥ 冲洗试点表面，对试点进行编号，必要时进行描述或拍照。

2. 安装传力系统

① 清洗试点岩体表面，铺一层水泥浆，放上刚性承压板，轻击承压板，挤出多余水泥浆，

并使承压板平行于试点表面。

② 在承压板上放置千斤顶,加载中心应与承压板中心重合。

③ 在千斤顶上依次安装垫板、传力柱、垫板。

④ 安装完毕后,千斤顶稍加压力,使两端承压板与试点表面及反力座表面紧密接触,防止传力柱晃动或倾倒。

⑤ 应使整个系统所有部件中心保持在同一轴线上并与加压方一致。

⑥ 应保证系统具有足够的刚度和强度。

3. 布置测量系统

① 首先在试点两侧平行于洞轴线方向各安放测表支架 1 根,支承形式以简支梁为宜,跨度大小满足边界条件又具有足够的刚度为准。所谓测杆支架的边界条件,是指支架支点与承压板边缘之间的距离不小于承压板直径的 1.5 倍。

② 在支架上通过磁性表座在承压板上对称布置 4 个位移传感器或测表,测表安放要求如下:

a. 测表表腿与承压板表面垂直。

b. 表腿伸缩自如,避免夹紧或松动。

c. 根据岩体的变形位移方向,留有足够的位移量,尽量避免在测试过程中调整。

d. 测表安装位置适当,便于看表读数。

e. 磁性表座支杆悬臂应尽可能缩短,以保证支杆有足够的刚度。

4. 确定最大实验压力

最大实验压力不小于工程设计压力的 1.2 倍,分 5 级施加。计算出施加压力与压力表读数的关系。

5. 加压

采用逐级一次循环法,必要时可采用逐级多次循环法和大循环法,如图 5-2 所示。当采用逐级一次循环法加压时,每一循环压力应退至零,使岩体充分回弹。加压前每 10 min 读数 1 次,连续 3 次读数不变即可开始加压,并将此读数作为各测表的初始读数值。

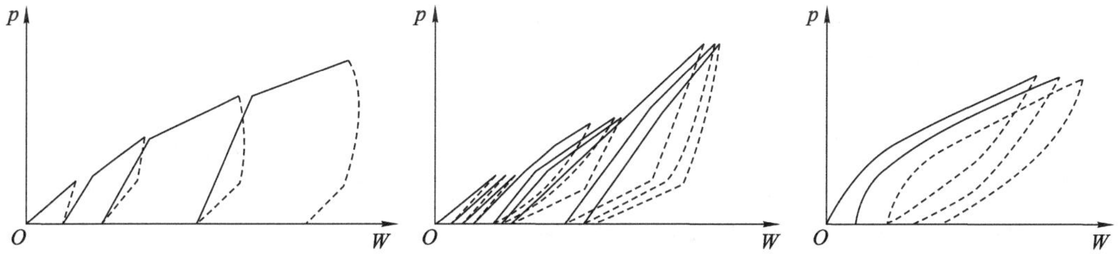

(a) 逐级一次循环法　(b) 逐级多次循环法　(c) 大循环法

图 5-2　不同加压方法下岩体受压变化示意图

6. 重复加压

第一级压力卸完后,接着加下一级压力,如此反复直至最后一级压力,各级压力下的读数要求与稳定标准相同。

7. 测表调整与调换

当测表被碰动或将走完全量程时，应在某级变形稳定后及时调整；对不动或不灵敏的测表，也应及时更换；调表时，应记录与所调表同支架上所有测表调整前后的读数；调整后，要进行稳定读数，等读数稳定后方可继续实验。

8. 记录数据

在实验过程中，认真填写实验记录表格并观察试件变形破坏情况，点绘承压板上代表性测表的压力-变形曲线，如图 5-3 所示。

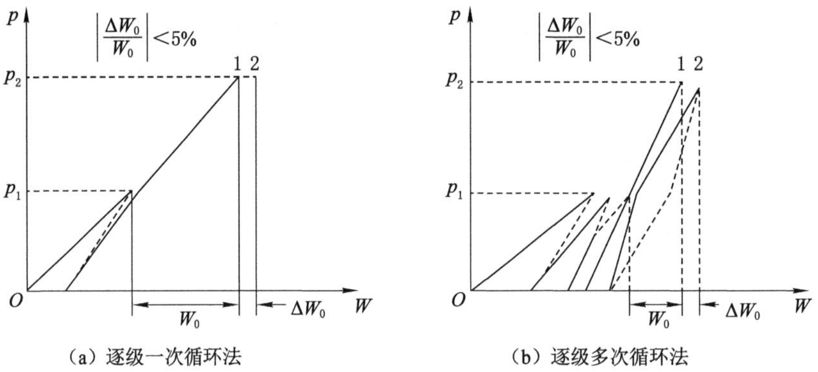

图 5-3　相对变形变化计算图

9. 实验设备拆卸

实验完毕后，及时拆除实验装置，其步骤与安装步骤相反。

变形稳定标准：当所有承压板上测表的相邻两次读数之差与前一级的比值小于 5%时，认为变形已稳定，并进行退压。

数据记录与处理

① 参照实验现场点绘的测表压力-变形曲线，检查、核对实验数据，剔除或纠正错误数据。

② 变形值计算：调(换)表前一律以某级读数与初始读数之差作为某级压力下的变形值，调(换)表后的变形值用调(换)表后的稳定值作为初始读数进行计算；两次计算之和为该表在某级压力下所测总变形值。以承压板上各有效表变形值的平均值为总变形值。

③ 绘制 p-W 关系曲线：以压力 p 为纵坐标、变形值 W 为横坐标，绘制 p-W 关系曲线。在曲线上求取某压力下岩体的弹性变形、塑性变形及总变形值，并计算岩体变形参数。

④ 根据下式计算岩体的变形模量或弹性模量：

$$E_g = \frac{\pi}{4} \cdot \frac{(1-\mu^2)pD}{W} \tag{5-1}$$

式中　E_g——岩体弹性(变形模量)，MPa；

μ——泊松比；

p——按承压板面积计算的压力，MPa；

D——承压板直径，cm；

W——岩体变形，cm。

注意事项

① 实验压力要分级施加在千斤顶上。

② 加压前应对测表进行初始稳定读数观测，每隔 10 min 同时测读各测表 1 次，连续 3 次读数不变方可进行加压实验，并将此读数作为各测表的初始读数值。钻孔轴向位移计各测点观测，可在表面测表稳定不变后进行初始读数。

③ 所有承压板上测表的相邻两次读数之差与前一级的比值小于 5%时，实验方可结束。

思考题

1. 请根据现场岩体变形实验，分析弹性模量和变形模量的区别。
2. 请结合实际问题，分析加载过程中的岩体变形特征。

5.2　岩体力学性质声波测试

岩石声波测试
虚拟仿真实验

实验目的

① 熟练掌握仪器操作方法。

② 掌握声波岩石波速测试方法与步骤。

③ 建立不同材料介质密度对波速影响程度的概念。

实验原理

声波测试理论基础建立在固体介质中弹性波的传播理论中。如图 5-4 所示，该方法就是利用一种声源信号发射器（发射系统），向压电材料制成的发射换能器发射一电脉冲。激励晶片振动，发射出的声波在测试材料中传播，经接收器接收，把声能转换成微弱的电信号送至接收系统，经信号放大后在屏幕上显示出波形，从波形上读出波幅和初至时间（t），由已知的测试材料距离（L）便可计算出超声波在测试材料中传播的纵波波速（v_p），即 $v_p=L/t$。

实验仪器

① HS-YS4A 岩石声波参数测定仪，其主机如图 5-5 所示。

② 其他仪器：孔中发射、接收换能器，一发双收单孔测试换能器，弯曲式接收换能器，夹心式发射换能器，干孔测试设备，声波激发锤，电火花振源，仰孔注水设备，测孔换能器扶位器。

③ 游标卡尺。

实验内容与步骤

1. 试样描述

对所选试样进行详细描述，包括试样的名称、颜色及矿物成分、结构构造、风化程度、胶

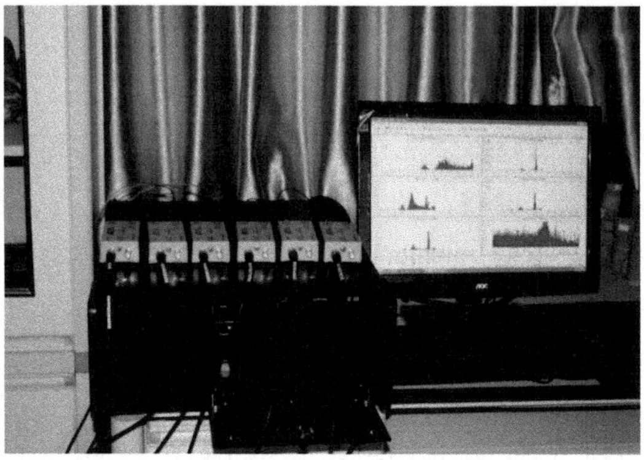

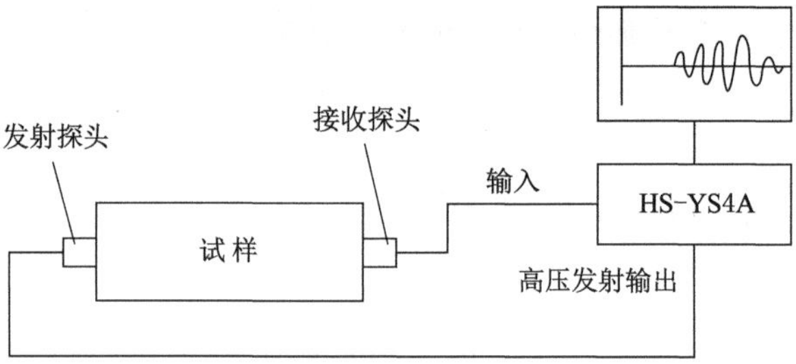

图 5-4　岩石声波波速测试示意图

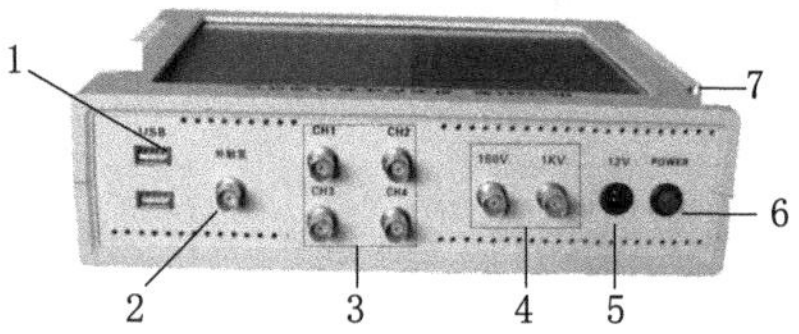

1—USB 接口；2—外部信号通道；3—信号接收通道；
4—发射电压 160 V、1 kV(选用)；5—12 V 电压，内正外负；6—电源开关；7—工作指示灯。

图 5-5　HS-YS4A 主机

结物性质以及岩体结构面的产状、宽度、粗糙程度与充填物性质、延伸情况等。

2. 安装、调试实验仪器

① 按图 5-4 测试仪器连接顺序连接仪器、换能器(校正声波系统的零声时值 T_0)、连接岩石试件。具体仪器操作为：

a. 启动仪器。打开仪器的电源开关，首先进入 Windows 系统，然后启动仪器控制软件。点击工具栏图标，在未接换能器的情况下出现 4 道低噪声信号，说明仪器工作正常。然后如图 5-6 所示装上换能器。

b. 校正声波系统的零声时值 T_0：将两换能器端面紧密接触，点击工具栏图标执行一次采集，移动游标读取 T_0 值。

③ 用游标卡尺量取岩石试件长度(高度)，然后用耦合剂在岩石试件的两个端面轻涂一层，再将发射换能器、接收换能器与试件端面贴紧。

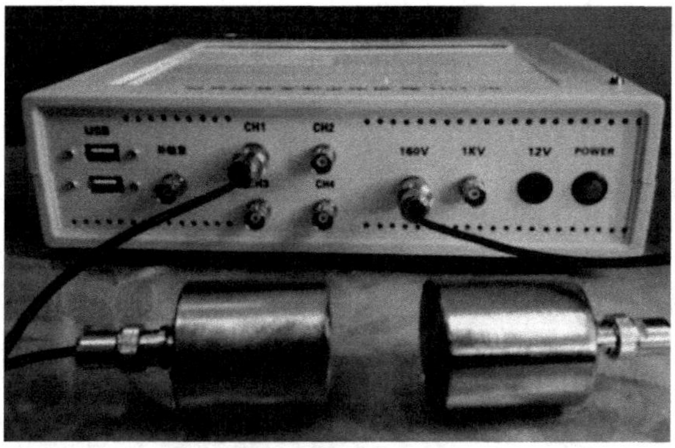

图 5-6　换能器与主机连接

④ 调出控制面板，点击工具栏“置参”，输入换能器的 T_0 值和试件长度(图 5-7)，然后设置仪器的滤波参数、采集通道、采样间隔、频带宽度、通道衰减倍数等参数(图 5-8)。

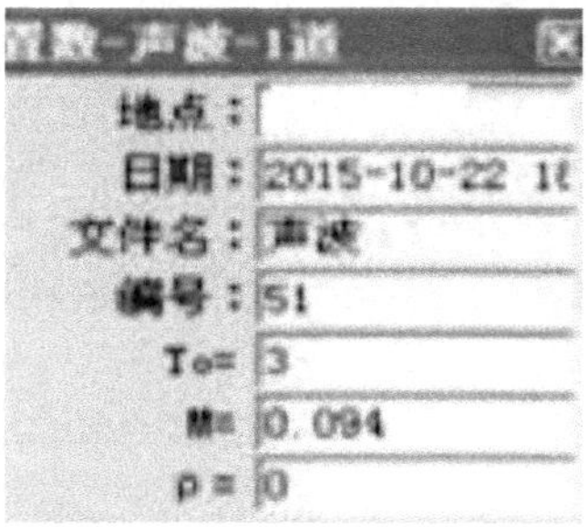

图 5-7　T_0 值和试件参数输入

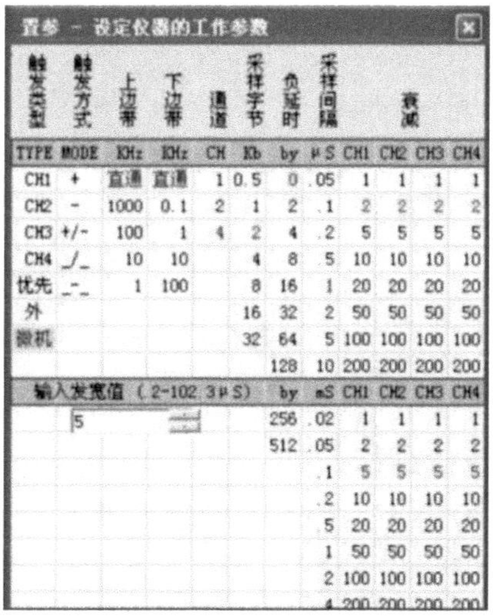

图 5-8　仪器工作参数设置

⑤ 执行采集:点击工具栏图标进行一次采集,通过观察采集波形幅值等情况,决定是否调整采集参数,调整采集参数后,需要重新进行采集一次。然后移动光标读取初至波声时(图 5-9),再点击一下 v_p 或 v_s,自动计算出纵波或横波速度。横波速度 v_s 需要用横波换能器。

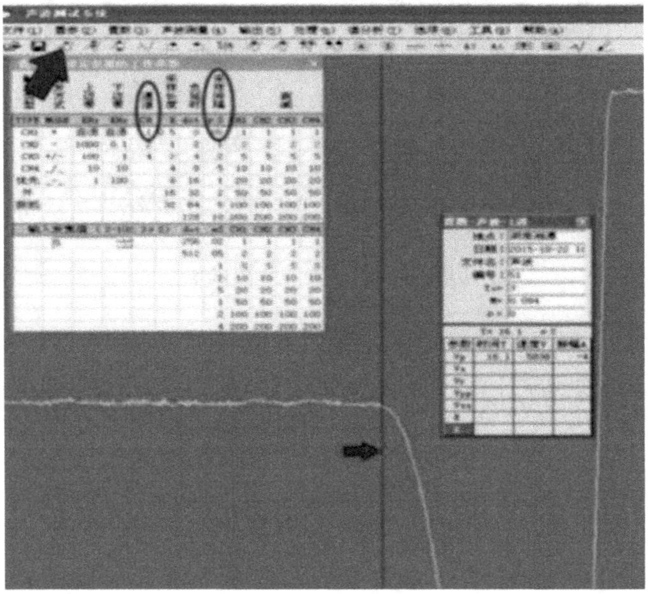

图 5-9　读取初至波声时

3. 计算

(1) 岩石纵波或横波波速

$$v=\frac{L}{t-t_n} \tag{5-2}$$

(2) 岩石动弹性模量 E_d 和动泊松比 μ_d

$$E_d=\frac{v_p^2\rho(1+\mu_d)(1-2\mu_d)}{1-\mu_d} \tag{5-3}$$

$$\mu_d=\frac{\frac{1}{2}\left(\frac{v_p}{v_s}\right)^2-1}{\left(\frac{v_p}{v_s}\right)^2-1} \tag{5-4}$$

式中　v_p——岩石的纵波速度,m/s;

v_s——岩石的横波速度,m/s;

ρ——岩石的体积密度,kg/m^3。

数据记录与处理

实验数据记录于表 5-1 中。

表 5-1　岩体变形实验数据记录表

<table>
<tr><td rowspan="2">试件名称
及描述</td><td rowspan="2">取样部位</td><td rowspan="2">编号</td><td rowspan="2">试件尺寸
L/cm</td><td rowspan="2">传播时间
t/s</td><td rowspan="2">换能器间距</td><td colspan="2">波速 v/(m/s)</td><td rowspan="2">仪器系统
的零延时</td></tr>
<tr><td>纵波 v_p</td><td>横波 v_s</td></tr>
<tr><td rowspan="3"></td><td></td><td></td><td></td><td></td><td></td><td></td><td></td><td></td></tr>
<tr><td></td><td></td><td></td><td></td><td></td><td></td><td></td><td></td></tr>
<tr><td></td><td></td><td></td><td></td><td></td><td></td><td></td><td></td></tr>
<tr><td rowspan="3"></td><td></td><td></td><td></td><td></td><td></td><td></td><td></td><td></td></tr>
<tr><td></td><td></td><td></td><td></td><td></td><td></td><td></td><td></td></tr>
<tr><td></td><td></td><td></td><td></td><td></td><td></td><td></td><td></td></tr>
<tr><td colspan="2">测试数据计算
（包含计算过程和结果）</td><td colspan="7"></td></tr>
</table>

实验者：　　　　　　　　　　　　　　　　　　　　　　　　计算者：

校核者：　　　　　　　　　　　　　　　　　　　　　　　　年　　月　　日

注意事项

① 试样两端面要加工光滑，符合试样制作标准。

② 测试选用的超声波波长应小于试样长度的十分之一。

③ 探头处的耦合剂一定要涂抹均匀。

④ 注意测量数据的记录，对波形进行采样、读时、读幅、读频、存储。

思考题

1. 试述声波测试原理。
2. 简要描述调试实验仪器与参数设定步骤。
3. 试样的波速与岩性有关系吗？
4. 试样的波速反映了试样的哪些物理力学性质？有什么工程意义？

5.3　岩体直剪实验

直接剪切实验简称直剪实验，它是测定岩体抗剪强度的常用方法。直剪实验通常采用四个试样，分别在不同的垂直压力作用下，施加水平剪切力进行剪切，取得水平面破坏时的剪应力，然后根据库仑强度理论确定岩体的抗剪强度指标——内摩擦角和黏聚力。

实验目的

① 熟悉直剪实验的操作方法。

② 掌握岩体的抗剪强度测定方法。

实验原理

将同一类型岩体的一组试样，在不同法向荷载下进行剪切直至破坏，得到岩体的抗剪强度，按照岩体结构面的库仑表达式，确定抗剪强度参数。直剪实验可分为平推法直剪实验和斜推法直剪实验。斜推法直剪实验示意图如图 5-10 所示。

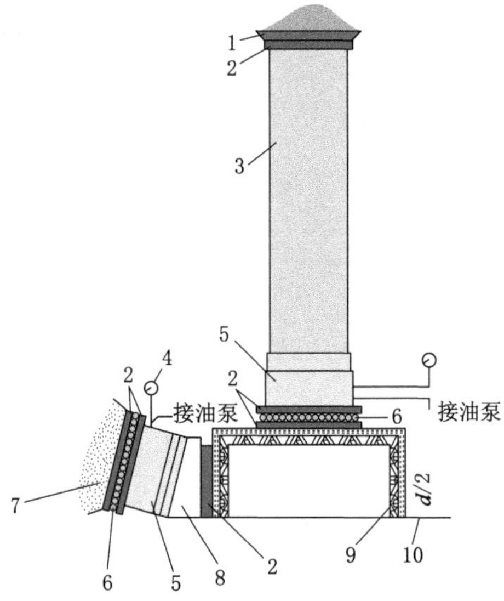

1—砂浆；2—垫板；3—传力柱；4—压力表；5—液压千斤顶；6—滚轴排；
7—混凝土后座；8—斜垫块；9—钢筋混凝土保护罩；10—剪切缝。

图 5-10　岩体直剪（斜推法）实验示意图

实验仪器

① 直剪仪：常用直剪仪为应变控制直剪仪，主要部件包括剪切容器、法向力加力框架、水平力推力座及量力环等。还有一种为应力控制直剪仪，与前者差别在于水平力采用直接加载的方式而不是用控制位移的方式。

② 其他辅助设备：百分表、天平、环刀、饱和器、削土刀、秒表、滤纸等。

实验内容与步骤

1. 斜推法直剪实验

① 每个试样上分别施加不同的法向荷载，其值为最大法向荷载的等分值（4～5 级）。

② 采用斜推法进行实验时，实验前用式（5-5）估计试样剪切破坏时的最大斜向推力：

$$Q_{max}=\frac{\sigma\tan\varphi+C}{\cos\alpha}A \tag{5-5}$$

式中　Q_{max}——最大斜向推力，N；

σ——切面上的正应力，MPa；

φ——剪切面上的内摩擦角，(°)；

C——剪切面上的凝聚力，MPa；

α——斜向荷载施力方向与剪切面的夹角，(°)；

A——剪切面面积，mm^2。

③ 每个试样上的法向荷载一次施加完毕，加荷后立即读数，以后每隔 5 min 读数一次，当连续两次读数之差不超过 0.01 mm 时即认为稳定，可施加剪切荷载。

④ 剪切荷载按预估最大剪切荷载分 8～12 级施加，每隔 5 min 加荷 1 次，加荷前后均应测读各测表读数。

⑤ 在剪切过程中，应使法向荷载始终保持为常数。在分级施加斜向荷载时，为保持剪切面上的正应力始终为一常数，应在施加分级斜向荷载的同时降低垂直荷载值，且荷载值不应小于 p_{min}，该定值按式(5-6)计算：

$$p_{min} = \frac{C}{\cot\alpha - \tan\varphi}A \tag{5-6}$$

式中　p_{min}——最小斜向推力，N；

其他符号意义同前。

试样剪断后，继续记录在大致相等的剪应力作用下，产生大位移(10～15 mm)的残余抗剪强度，分 4～5 级将水平荷载退至零，观测回弹形变。

⑥ 实验结束后应对剪切面进行下列描述：

a. 准确量测剪切面面积。

b. 详细记述剪切面的破坏情况：破坏形式及范围，剪切碎块的大小、位置及范围，擦痕的分布、方向及长度。

c. 绘制剪切面素描图并作剪切面等高线图。测定剪切面的起伏差，绘制沿剪切方向断面高度的变化曲线。

2. 快剪(平推法)实验步骤

① 对准上、下盒，插入固定销，在下盒内放入下透水石、不透水塑料膜，将试样对准剪切盒口，放置不透水塑料膜和上透水石，将试样慢速推入剪切盒，移去环刀。

② 转动手轮，使上盒前端钢珠刚好与量力环接触，将量力环中百分表读数调零。顺序加上传力盖板、钢珠、压力框架。

③ 施加垂直压力 p 后立即拔除固定销，打开秒表，以每分钟 4～12 周(每转一周剪位移 0.2 mm)匀速转动手轮，使试样在 3～5 min 内剪破。剪破标准：a. 量力环中量表(百分表)指针不再前进，或有明显后退；b. 百分表指针不后退时，以 $\delta=4$ mm 对应的剪应力为抗剪强度，这时使剪切位移达到 6 mm 才停止剪切。

④ 剪切完后，倒转手轮，移去竖向压力，重复①～③的步骤对余下的试样进行不同竖向应力作用下的剪切实验。

3. 固结快剪(平推法)实验步骤

① 装样基本同快剪，但试样上、下不透水塑料膜要换成透水滤纸。

② 施加垂直压力 p 后，使试样在法向应力 $\sigma=\dfrac{p}{A}$ 作用下排水固结。若系饱和试样，在 p 加上 5 min 以后往剪切盒中注水；若系非饱和试样，在剪切盒四周围放湿棉花，防止水分

蒸发。

③ 按照压缩实验的标准，当试样在 σ 作用下压缩稳定后，测记试样压缩变形量。

④ 按快剪实验第②、③、④的步骤加剪力使试样剪破。

4. 慢剪(平推法)实验步骤

① 同固结快剪实验第①、②、③的步骤施加法向应力 σ 并量测压缩变形量。

② 当试样固结完成后，采用不大于 0.02 mm/min(1 周/10 min)的剪切速率进行剪切，直至剪破。一般每个试样在 3～5 h 内剪破。

③ 重复步骤①和②进行 4 个试样的剪切实验。

5. 计算

① 平推法。法向应力按式(5-7)计算，剪应力按式(5-8)计算：

$$\sigma_{\mathrm{p}}=\frac{P}{A} \tag{5-7}$$

$$\tau_{\mathrm{p}}=\frac{Q}{A} \tag{5-8}$$

式中 σ_{p}——作用于剪切面上的法向应力，MPa；

τ_{p}——作用于剪切面上的剪应力，MPa；

P——作用于剪切面上的总法向荷载，N；

Q——作用于剪切面上的总斜向荷载，N。

② 斜推法。法向应力按式(5-9)计算，剪应力按式(5-10)计算：

$$\sigma_x=\frac{P}{A}+\frac{Q}{A}\sin\alpha \tag{5-9}$$

$$\tau_x=\frac{Q}{A}\cos\alpha \tag{5-10}$$

式中 σ_x——作用于剪切面上的法向应力，MPa；

P——作用于剪切面上的总法向荷载，N；

Q——用于剪切面上的总斜向荷载，N；

α——荷载施力方向与剪切面的夹角，(°)；

τ_x——作用于剪切面上的剪应力，MPa。

数据记录与处理

记录实验数据，按要求绘制曲线。

① 绘制各法向应力下剪应力与剪切位移及法向位移的关系曲线(图 5-11)。根据曲线关系，确定各法向应力下的峰值抗剪强度和残余抗剪强度。

② 绘制峰值抗剪强度和法向应力的关系曲线及残余抗剪强度和法向应力的关系曲线(图 5-12)，按照库仑表达式确定相应的抗剪强度参数。

注意事项

① 严格控制水平剪力与剪切面之间的偏距在剪切面边长的 5%以内。

② 岩体尽可能不受施工或其他工程扰动。

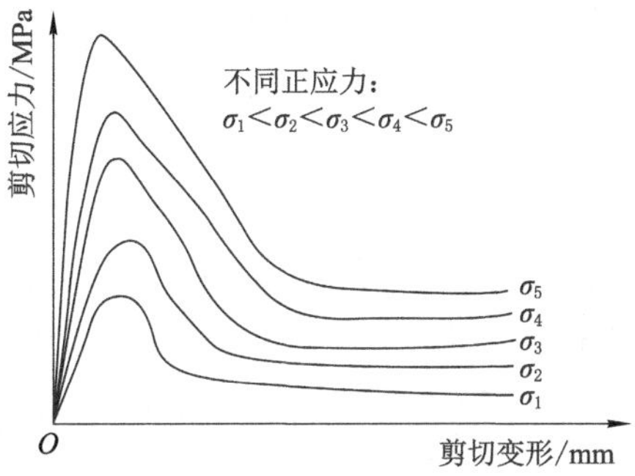

图 5-11　不同正应力下的剪切应力

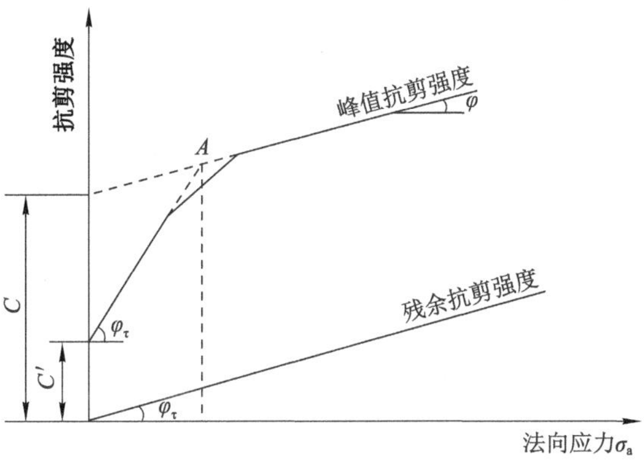

图 5-12　抗剪强度与法向应力关系曲线

③ 法向载荷可分 4～5 级施加。当法向变形达到相对稳定时，即可施加剪切载荷。

思考题

1. 试述平推法与斜推法的优缺点。
2. 岩体和岩石的抗剪强度指标有何区别？
3. 如何获取更为准确的岩体抗剪强度指标？

5.4　岩体地应力测量

天然状态下岩体内部未受人工开挖扰动的应力称为初始应力或原应力，地质学中称为地应力。地应力是引起各种地下岩石开挖工程变形和破坏的根本作用力，地应力研究是确定工程岩体力学属性、进行围岩稳定性分析、实现地下空间工程（如煤矿、金属矿山等）科学化开挖设计和决策的必要前提。传统的地下井巷开挖设计和施工主要根据经验来进行，容易发生严重的工程事故。随着地应力研究的不断开展，地应力测量方法和测量仪器也不断发展更新。通常根据测量原理的不同分为应力解除法、应力恢复法、应变解除法、应变恢复法、水压致裂法、声发射法、重力法和 X 射线法等 8 类。下面将对水压致裂法、应力解除法、声发射法进行介绍。

5.4.1 水压致裂法

水压致裂虚拟仿真实验系统

水压致裂法是利用一对可膨胀的橡胶封隔器，在预定的测试深度封隔一段钻孔，然后泵入液体对封隔段施压，根据压裂过程曲线的特征值，可获得破裂压力、瞬时关闭压力等压力参数，由破裂缝方向来直接推求平面地应力状态，再通过空间几何关系求得空间应力状态的地应力测试方法。

实验目的

① 理解水压致裂的实验原理。

② 掌握水压致裂法测量地应力。

实验原理

由弹性力学理论可知，当一个位于无限体中的钻孔受到无穷远处二维应力场(σ_1，σ_2)的作用时，离开钻孔端部一定距离的部位处于平面应变状态(图 5-13)。在这些部位，钻孔周边的应力为：

$$\sigma_t = \sigma_1 + \sigma_2 - 2(\sigma_1 - \sigma_2)\cos 2\theta \tag{5-11}$$

$$\sigma_r = 0 \tag{5-12}$$

式中 σ_t、σ_r——钻孔周边的切向应力和径向应力；

θ——周边一点与 σ_1 轴的夹角。

当 $\theta = 0°$时，σ_t 取极小值，此时 $\sigma_t = 3\sigma_2 - \sigma_1$。

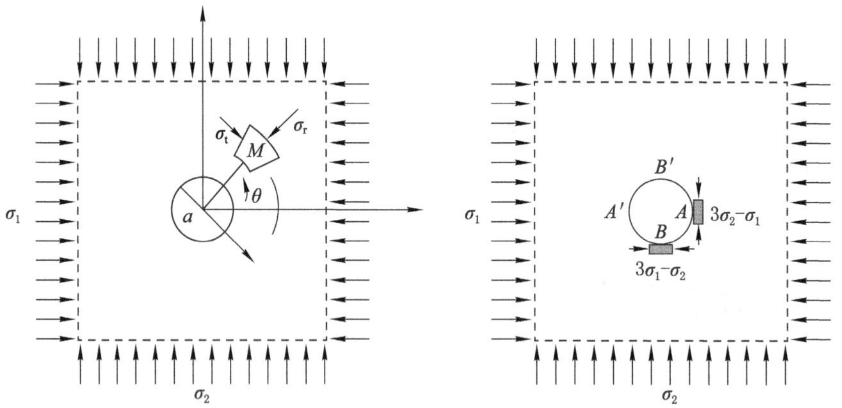

图 5-13 水压致裂应力测量力学模型

实验仪器

水压致裂法测量地应力的测试仪器称作水压致裂法地应力测试仪，其采用了双回路水压致裂应力测量系统，如图 5-14 所示。

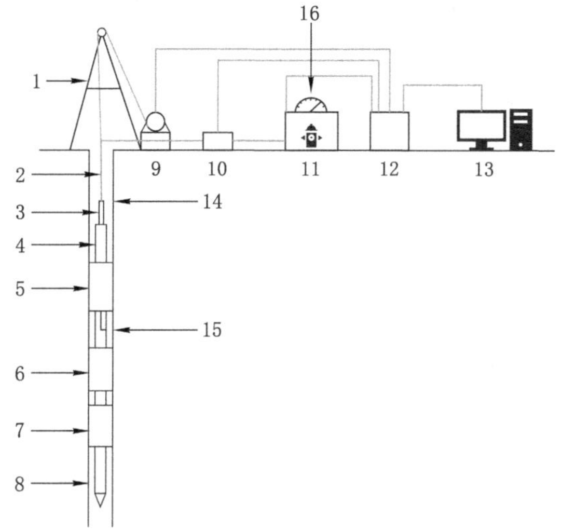

1—三角井架；2—铠装电缆；3—压力传感器；4—压裂段转换阀；5，6—隔离式封隔器；
7—印模器；8—定向器；9—卷扬机；10—流量计；11—高压油泵；12—控制器；
13—数据采集；14—高压油管；15—测试段；16—压力表。

图 5-14　水压致裂法地应力测试仪

水压致裂法地应力测试仪主要设备介绍如下。

① 三角井架：需要能将水力压裂工具放到孔中或从孔中取出的设备。为便于孔下水力压裂实验用具的下入和取出，孔口需设置三角井架。当用高压管或钻管(杆)作为下井工具时，必须使用带钻塔和绞车的钻机，钻塔和绞车要能提升管材和仪器设备的全部重量。当水力压裂实验采用柔性钢丝绳软管系统时，就需要使用能够承载实验工具钢丝绳及软管重量的设计良好的三角井架。

② 隔离式封隔器：用两个可膨胀橡皮塞完成钻孔的封闭。这两个橡皮塞相隔距离至少等于孔径的 6 倍，它们在机械和水力上互相结合成体而构成一种装置，称为隔离式封隔器。

③ 高压管：用高压管(可用钻杆代替)或高压软管，或者两者联合使用，高压管用于井段升压，软管捆在高压管外边用于给橡皮塞充水，来完成橡皮塞和实验井段的升压。软管或高压管(或是两者)的一端与水泵相连(建议 0.70 MPa，0～25 L/min 的流量)；另一端同隔离式封隔器及两个塞子之间的实验井段相通。

④ 压力转换器和流速计：用压力转换器(10～70 MPa)在地面或在测验深度上(或是两者)对实验井段压力进行监测。有些设备塞压的监测也采用同井段压力相同的方法，用流速计监测压入实验段的流体流量。传感器传给多道模拟时基记录仪，以完成实时持续记录。可用的其他选择还有模拟数据磁带记录和数字计算机记录，用来储存实验压力流量信息。这些信息可用于以后对实验数据的全面分析。

⑤ 水压裂隙定位设备：

a. 印痕塞：一般用印痕塞记录水压裂隙的有无和方位。印痕塞可以充水膨胀，其外层由很软的半热化橡胶拼成。用一个定向仪(磁性钻孔测量工具式的或陀螺仪钻孔测量工具式的)来确定印在印痕塞上的水压裂隙的方向和倾角。

b. 井下电视：可用井下电视替代定向印痕塞。井下电视为一声波测井工具，它能够取到钻孔壁上一个定向声像。这种工具大大快于印痕塞，下去一次即能取到整个实验孔的读数。印痕塞在每次实验后都要取回修整，以使其外套能很好印上标记，或者在下入一井段之前将其置换，因此花费很大。

实验内容与步骤

1. 渗漏检查

在压裂实验之前，应对测量所用的压力泵、压力和流量传感器、钻杆及连接件进行渗漏实验。实验压力应大于 12 MPa。合格的钻杆应进行编号并记下长度。

2. 测量设备标定

① 压力传感器使用前应采用计量检定合格的标准压力表校准，在预定达到的压力范围内完成升压及降压两个循环的标定。

② 流量传感器使用前应采用计量检定合格的标准流量计校准，在预定流量范围进行两个回次的标定。

③ 数据采集及记录系统使用前应连接压力及流量传感器，进行两次数据采集及记录系统的检查。

3. 压裂系统选择及测段选定

① 钻孔孔径和测量深度适宜时，应优先选用双回路压裂系统。

② 根据钻孔检查结果，确定各测段深度：

a. 地面钻孔第一测段深度应在基岩风化带以下。

b. 钻孔第一测段深度应超过岩层断面直径(或最大宽度或高度)的 2～3 倍。

c. 测段应选在岩石完整且无孔壁崩落孔段，应避开原生裂隙集中的孔段。

4. 坐封

打钻到测试部位，用封隔器将实验段隔离起来。初始坐封压力不宜小于 6 MPa，压裂过程中应跟踪监测坐封压力，测量精度宜优于 0.2 MPa。

5. 压裂操作

① 开始注压，宜保持不小于 4 L/min 的恒定流量。

② 水压致裂过程中，记录压力-时间曲线，当孔壁出现裂隙时，记录初始开裂压力；然后继续施加水压使裂隙扩展，当水压增至 2～3 倍开裂压力、裂缝扩展到 10 倍钻孔直径时，关闭注水系统，待水压恒定后记录关闭压力。

③ 卸压使裂隙闭合。

④ 重新向密封段注压，使裂隙重新张开，并记录裂隙重开时的压力，重复加压过程不少于 3 次，每个加压循环时间不宜少于 2 min，两个循环的时间间隔不宜少于 1 min(钻孔深度

超过 500 m 时，每个循环时间、循环间隔时间、卸压时间应延长 1 min）。

⑤ 将封隔器完全卸压后从钻孔内取出。

⑥ 用印模器测量破裂裂缝的方位和倾角。印模器应准确安放到先前的压裂位置，印模器膨胀的压力应接近破裂压力，印模器应紧贴井壁 30 min 以上。取出印模器后应立即描下其印出的破裂印模，在印模展开图上标注基线位置。

数据记录与处理

① 现场测量记录：

a. 测量地点、钻孔坐标或经纬度、编号、方位、倾角及终孔深度。

b. 测段深度、注压压力-时间曲线、流量-时间曲线。

c. 印模形态描述、破裂倾角及方位定向记录。

② 关闭压力 p_s：可选用拐点法、单切线法、双切线法、流量压力法、压力-时间的平方根法（$P\text{-}t^{1/2}$）或低流量泵进法等确定 p_s。

③ 重张压力 p_r：明显偏离线性关系处的压力。

④ 初始压力 p_b：第一回次峰值压力。

⑤ 孔隙水压力 p_0：钻孔静水位压力。

⑥ 主应力：垂直主应力平行于钻孔轴时，可按下式计算：

$$\sigma_2 = p_s \tag{5-13}$$

$$\sigma_1 = 3\sigma_2 - p_b - p_0 + p_t \tag{5-14}$$

$$\sigma_1 = 3\sigma_2 - p_r - p_0 \tag{5-15}$$

$$\sigma_v = \gamma H \tag{5-16}$$

式中　σ_1——最大水平主应力；

σ_2——最小水平主应力；

σ_v——垂直应力。

⑦ 绘制各测段流量、压力随时间的变化图，选定 p_b、p_s 和 p_r。

⑧ 用表格列出各测段 H、p_b、p_s 和 p_r的数值，最大和最小水平主应力 σ_1 和 σ_2 的大小和方向，以及由式(5-16)计算得到的垂直应力的大小。

注意事项

① 钻孔孔径和测量深度适宜时，应优先选用双回路压裂系统。

② 每个钻孔不宜少于 5 个测段，或每 100 m 不少于 2 个测段，在重要的深度范围宜适当加密测段。

5.4.2　钻孔套芯应力解除法

应力解除法是当一块岩石从受力作用的岩体中取出后，其岩石的弹性会发生膨胀变形，测量出应力解除后此块岩石的三维膨胀变形，并通过实验室岩石力学实验确定其弹性模量、泊松比，则由线性胡克定律即可计算出应力解除前岩体中应力的大小和方向。钻孔套芯应力解除法就是在岩石中先打一个测量钻孔，将应力传感器安装在测孔中并观测读数，然后在测量孔外同心套钻钻取岩芯，使岩芯与围岩脱离，岩芯上的应力因解除而恢复，根据应力解除前后仪器所测得的差值，即可计算出应力的大小和方向。

实验原理

地下某点的岩体处于三向应力压缩状态(图 5-15)，如解除其应力，必然发生弹性恢复，测定其恢复的应变，则可算出岩体的初始应力，见式(5-17)。

$$\begin{cases} \varepsilon_x = \dfrac{\Delta x}{x} \\ \varepsilon_y = \dfrac{\Delta y}{y} \\ \varepsilon_z = \dfrac{\Delta z}{z} \end{cases} \tag{5-17}$$

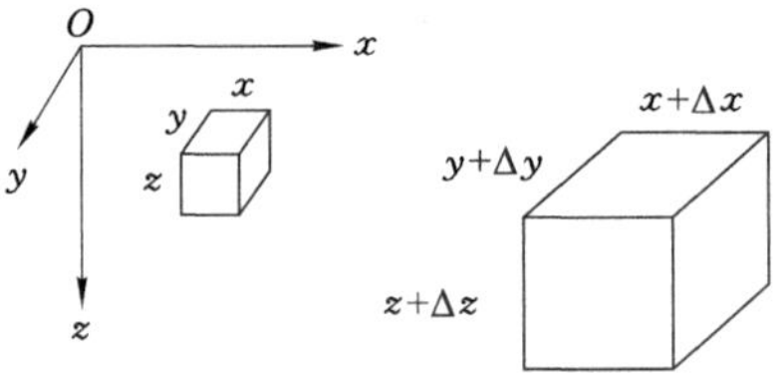

图 5-15　钻孔套芯应力解除法测量力学模型

① 已知主应力方向应力解除，如图 5-16 所示，卸去外力，变形恢复，此时应变公式为：

$$\varepsilon_x = \varepsilon_3, \varepsilon_y = \varepsilon_1 \tag{5-18}$$

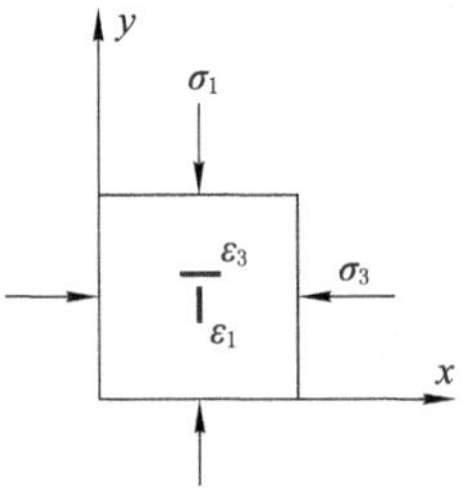

图 5-16　应变片受力示意图

在受力状态下，贴上应变片，应变关系见式(5-19)，根据广义胡克定律[式(5-20)]，可以解得应力-应变关系，见式(5-21)。

$$\varepsilon_x = \varepsilon_3 = 0, \varepsilon_y = \varepsilon_1 = 0 \tag{5-19}$$

$$\begin{cases} \varepsilon_1 = \dfrac{1}{E}(\sigma_1 - \mu\sigma_3) \\ \varepsilon_3 = \dfrac{1}{E}(\sigma_3 - \mu\sigma_1) \end{cases} \tag{5-20}$$

$$\begin{cases}\sigma_1 = \dfrac{E}{1-\mu^2}(\varepsilon_1 + \mu\varepsilon_3) \\ \sigma_3 = \dfrac{E}{1-\mu^2}(\varepsilon_3 + \mu\varepsilon_1)\end{cases} \tag{5-21}$$

② 未知主应力方向的应力解除，由弹性原理可得：

$$\varepsilon_\alpha = \varepsilon_x \cos^2\alpha + \varepsilon_y \sin^2\alpha - \frac{\gamma_{xy}}{2}\sin 2\alpha \tag{5-22}$$

式中　ε_α——与 x 轴成 α 角度方向的线应变，可知：

$$\begin{cases}\varepsilon_{\alpha 1} = \varepsilon_x \cos^2\alpha_1 + \varepsilon_y \sin^2\alpha_1 - \dfrac{\gamma_{xy}}{2}\sin 2\alpha_1 \\ \varepsilon_{\alpha 2} = \varepsilon_x \cos^2\alpha_2 + \varepsilon_y \sin^2\alpha_2 - \dfrac{\gamma_{xy}}{2}\sin 2\alpha_2 \\ \varepsilon_{\alpha 3} = \varepsilon_x \cos^2\alpha_3 + \varepsilon_y \sin^2\alpha_3 - \dfrac{\gamma_{xy}}{2}\sin 2\alpha_3\end{cases} \tag{5-23}$$

由式(5-23)最终解得 ε_x、ε_y、γ_{xy}，因此可按式(5-24)求出主应变 ε_1、ε_2 和 α_0。

$$\begin{cases}\varepsilon_1 = \dfrac{1}{2}(\varepsilon_x + \varepsilon_y) + \sqrt{\left(\dfrac{\varepsilon_x - \varepsilon_y}{2}\right)^2 + \left(\dfrac{\gamma_{xy}}{2}\right)^2} \\ \varepsilon_3 = \dfrac{1}{2}(\varepsilon_x + \varepsilon_y) - \sqrt{\left(\dfrac{\varepsilon_x - \varepsilon_y}{2}\right)^2 + \left(\dfrac{\gamma_{xy}}{2}\right)^2} \\ \tan 2\alpha_0 = -\dfrac{\gamma_{xy}}{\varepsilon_x - \varepsilon_y}\end{cases} \tag{5-24}$$

求出 ε_1、ε_3 和 α_0，即可按式(5-21)求出主应力 σ_1、σ_3。

实验仪器

KX-81 型应力计如图 5-17 所示。

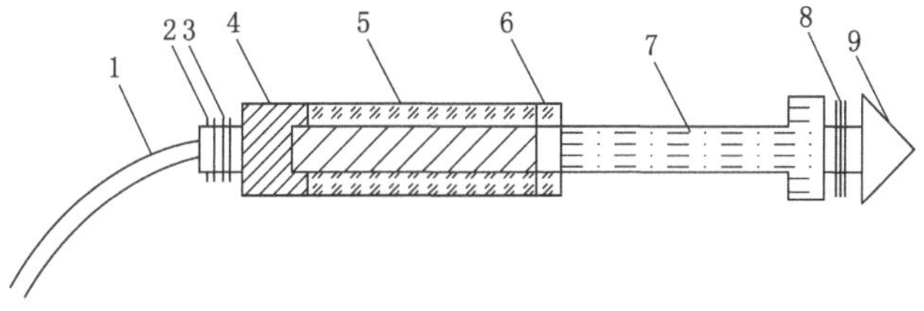

1—电缆；2—定向销；3，8—密封圈；4—环氧树脂筒；5—黏结剂；6—固定销；7—栓塞；9—导向杆。

图 5-17　KX-81 型应力计结构示意图

空芯包体应变计的主体是一个用环氧树脂制成的壁厚 3 mm 的空芯圆筒，其外径为 36 mm，内径为 30 mm；在其中间部位(即直径 35 mm 处)沿同一圆周等间距(120°)嵌埋三组电阻应变花。每组应变花由四只应变片组成，相互间隔 45°。制作时，该空芯圆筒是分两步浇注出来的。首先浇注直径为 35 mm 的空芯圆筒，在规定位置贴好电阻应变花后，再浇注外面一层，使其外径达到 36 mm。在应力计的顶部有一个补偿应变片，以消除温度变化对测量结果的影响。

实验内容与步骤

1. 仪器准备

套芯钻进前仪器应预热 15 min 以上，至仪器读数稳定。

2. 打孔

打 ϕ130 mm 的钻孔到预定深度，再用 ϕ36 mm 的钻头同心匀速钻进测量孔，深度 450 mm，采出包含传感器的完整岩芯，钻孔应为正圆形，孔壁光滑，孔位不偏斜。

3. 洗孔

测量孔钻孔完毕，观测岩芯的完整情况。若岩芯较为完整，且无大于 30 mm 的裂隙面，则用清水冲洗，测量孔中的岩粉；如果岩芯不符合测试要求，则用 ϕ130 mm 套芯，重复打孔工作。

中航电测
应变计粘贴

4. 应变计的安装

把应变计胶筒内腔装满环氧树脂黏结剂，并用若干销钉固定活塞，再用安装杆定向送入测孔内，推动安装杆，切断销钉，黏结剂从排胶孔排出，充满应变计与钻孔岩壁的空隙。

5. 应力解除

待黏结剂固化后，用 ϕ130 mm 金刚石钻头套钻解除，按解除深度分级测读解除应变值。解除深度应超过应变计黏结部位孔径(ϕ36 mm)的 2 倍。每钻进 10～20 mm 记录一次传感器各元件的仪器读数。空芯包体应变法应力解除施工流程如图 5-18 所示。

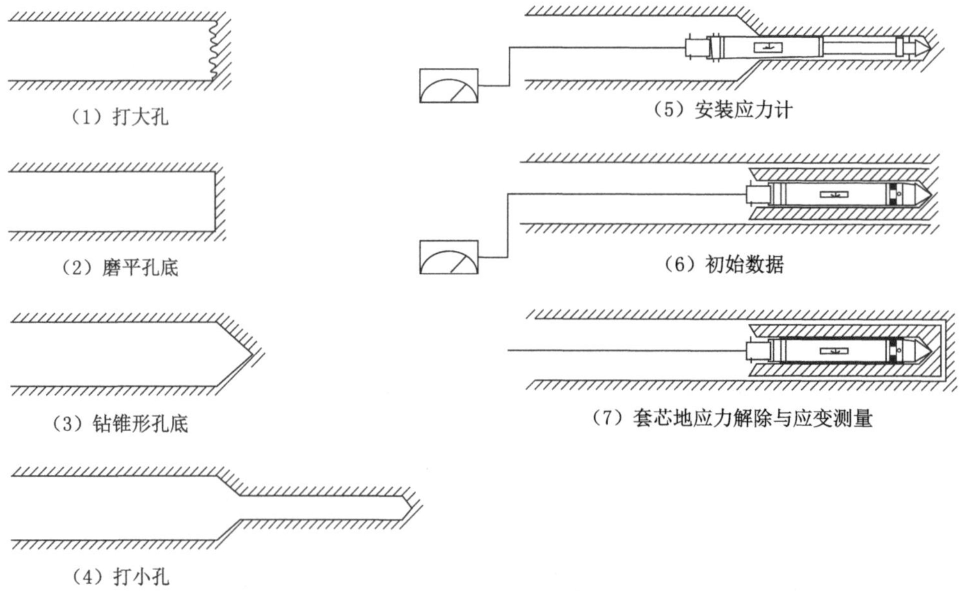

图 5-18 施工流程示意图

6. 钻孔钻取和数据采集

如图 5-18 所示，整个钻孔钻取和数据采集过程为：

① 打大孔：在开始钻导孔时，选用短的岩芯筒；钻完导孔的起始段后，选用长约 1.1 m 的钻杆和长 1 m 的岩芯管，钻头直径 130 mm，钻至设计孔深。

② 换专用金刚石磨平钻头将大孔孔底磨平。

③ 换专用锥形钻头钻锥形孔底，以保证后面的小孔与大孔同轴心。

④ 打小孔：用 ϕ36 mm 的专用金刚石钻头打深 300～450 mm 的小孔，为保证小孔和大孔同心，钻机的速度应尽可能放慢。小孔打好后，用细铁丝将干毛巾绑在特制的擦孔器上，第一次用酒精浸湿毛巾，反复擦洗小孔油污。再换上干毛巾，反复擦小孔。这样能够保证黏结剂将包体与小孔壁黏牢。

⑤ 安装应力计：应力计外壳要保持干净，可用砂纸将其打毛以增加粗糙度，应力计的活塞应用凡士林或黄油润滑，以防流出的黏结剂粘在上面；现场配制黏结剂（A、B 两种液态材料按 1∶3 混合搅拌），倒入空芯包体的空腔，用铝丝固定两个腔体，然后将应力计安装在安装杆上，缓慢地将其送入大孔并不断接续安装杆，记下安装杆数和长度，在进入距孔底约 1 m 时降低推进速度。在距孔底 30 cm 左右，要短促地用力猛推，使剪力将铝丝销子剪断，保证黏结剂从应力计中挤出来。

⑥ 记录数据：待应变计安装 24 h 后，黏结剂完全固化，将安装杆和定向仪小心地从钻孔中拔出，记下定向仪所显示的应力计的偏角，并用地质罗盘测量出钻孔的方位和倾角；然后用细铁丝将应力计电缆的端头从岩芯筒和钻孔内的钻杆里依次穿过，穿进过程中要拉紧电缆（以防损坏电缆），同时用钻机把钻杆和取芯筒顶住，在最后一根安装杆接上之后把电缆穿过水辫和钢套，并记录推进的深度。在应力解除过程中，桥式应变仪应始终处于开机状态，开始读数前需预热 2 min。在开钻之前，应力计尚处于干燥状态时（即打开钻机供水阀之前），读取应变片的第一组数据，然后打开供水阀，应力计周围的岩石湿润后读取第二组数据，检验应变片与岩体之间是否有漏电现象。

⑦ 套芯地应力解除与应变测量：在取岩芯钻进开始阶段钻取速度为 20～30 mm/min，保证有足够的时间完成每一次的数据读取和记录；应事先在钻杆上（或在钻机导杆有间隔 10 mm 刻度线上）标出小孔的岩芯长度，岩芯长度应适中；钻机旋转速度大约是额定转速的一半或更慢，以保持钻进的稳定；钻机的冲洗水流应最小，过大的水压会影响读数；在取芯的初始阶段，每钻进 20 mm 读取一次读数，当取芯进行到距应变片还有 50 mm 位置时，应降低钻机的推进速度，读数的频率应增加到每间隔 10 mm 或更小读取一次；当岩芯筒钻过应变片所在位置后（一般大于 100 mm），应变片读数趋于稳定，这时可以加大取芯钻进速度，按套芯解除至一定深度后，应变计读数趋于稳定，待认为读数稳定后不再解除。

数据记录与处理

① 现场数据记录应包含：

a. 测量地点、钻孔坐标或经纬度、编号、方向、倾角及每次套芯解除深度。

b. 传感器上各元件方位、倾角测定记录。

c. 测量中遇到的异常情况和事故。

② 用于地应力计算的有效实测数据个数应满足以下要求：

a. 用于计算二维地应力的有效实测数据应不少于 5 个。

b. 用于计算三维地应力的有效实测数据应不少于 9 个。

注意事项

① 保证岩芯无大于 30 mm 的裂隙面，方可进行应变计的安装。

② 金刚石钻头套钻解除后，要分级测读解除应变值。

5.4.3 声发射法

当岩石受力变形时，岩石中原有的或新产生的裂隙周围应力集中，应变能较高；当外力增加到一定大小时，有裂缝缺陷部位会发生微观屈服或变形，裂缝扩展，从而使得应力松弛，储藏的部分能量将以弹性波的形式释放出来，这就是声发射现象。

声发射是在岩石受力和发生变形过程中产生的，可以根据岩石声发射的多少、大小、频率等参数了解到岩石的变形破坏过程。岩石的声发射特性与其变形过程有很多内在联系，通过岩石声发射实验获得声发射特性与应力-应变全过程曲线，可以得到很多有价值的科学结论。

实验目的

① 了解声发射法的实验原理，掌握声发射检测仪的基本操作。

② 掌握声发射法测量地应力。

实验原理

材料在受到外载荷作用时，其内部储存的应变能快速释放产生弹性波，发出声响。

1950 年，德国学者凯泽(Kaiser)发现多晶金属的应力从历史最高水平释放后，再重新加载，当应力未达到先前最大应力值时，很少有声发射产生，而当应力达到和超过历史最高水平后，则产生大量声发射，这个现象叫作 Kaiser 效应。

Kaiser 效应为测量岩石应力提供了一个方法，即如果从原岩中取回岩石试件，通过对加工的不同方向的岩石试件进行声发射加载实验，测得 Kaiser 点，即可找出每个试件以前所受的最大应力，并进而求出取样点的原始三维应力状态。

实验仪器

岩石声发射实验装置由岩石力学实验加载系统和声发射监测系统两部分组成。在实验中，将声发射探头涂耦合剂固定于岩石试件表面，然后将试件置于实验机的加载板上。调整实验机和声发射监测系统的初始时间为零，然后开始加载，同时记录其声发射信号。声发射测试系统及实验装置分别如图 5-19 和图 5-20 所示。

实验内容与步骤

1. 取样

从现场钻孔提取岩石试样，将试样加工成圆柱体试件，高径比为 2～3。为了确定测点三维应力状态，必须在该点的岩样中沿 6 个不同方向制备试件。

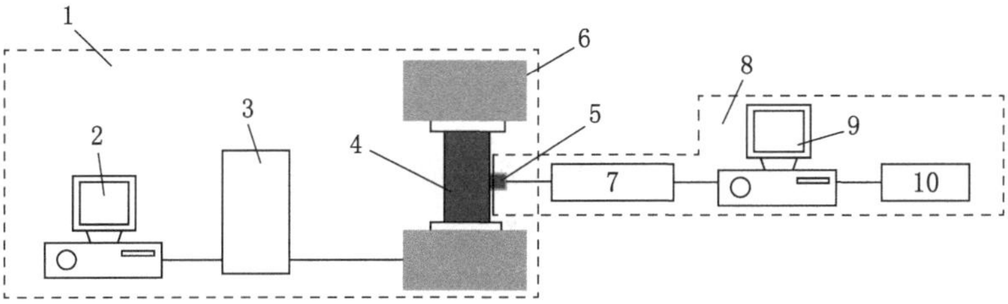

1—全数字控制系统；2—控制计算机；3—控制柜；4—岩样；5—探头；6—加载压力机；7—声发射仪；8—声发射监测系统；9—计算机；10—打印机。

图 5-19　声发射测试系统示意图

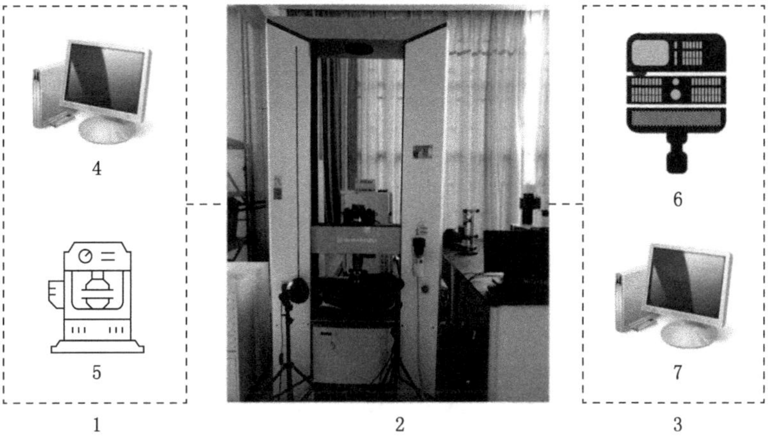

1—控制及液压系统；2—单轴实验机；3—声发射信号采集系统；4，7—计算机；5—液压系统；6—声发射采集主机。

图 5-20　声发射测试系统

设局部坐标系为 $Oxyz$，则三个方向取坐标轴方向，另外三个方向取 Oxy、Oyz、Ozx 平面内的轴角平分线方向，每个方向取样 15～25 块。

2. 声发射测试

将试件放在单轴压缩实验机上加压，保持恒定加载速率，并同时监测加压过程中从试件中产生的声发射现象。

数据记录与处理

根据应力-声发射事件数曲线，确定每次实验的 Kaiser 点，进而确定该试件轴线方向先前受到的最大应力值。15～25 个试件获得一个方向的统计结果，6 个方向的应力值即可确定取样点的历史最大三维应力大小和方向。

注意事项

① 保证在测点的 6 个不同方向制备试件。

② 实验机上加载时，尽量消除试件端部与压力实验机上、下压头之间摩擦所产生的噪

声和试件端部应力集中，试件端部浇注由环氧树脂或其他复合材料制成的端帽。

思考题

1. 简要说明声发射实验基本原理和基本操作流程。
2. 为什么要在测点的6个方向制备试件？
3. 如何根据统计结果，计算岩体的历史最大三维应力的大小及方向？

第6章　探索性实验

6.1　岩石霍普金森压杆实验

霍普金森压杆实验

随着地下工程日益向更深进行，一些极端条件下的事故时有发生，如深部开采地应力破坏导致地应力集中造成的地下硐室破坏等，对岩体在高应变率下的反应能力提出了挑战，因此，研究在高速冲击作用下的岩石力学行为具有重要意义。本节就实验室中常用的岩石高速冲击实验设备——霍普金森压杆进行介绍。

实验目的

① 掌握霍普金森压杆实验步骤和方法。

② 掌握霍普金森实验数据的处理方法，能够解读波形。

实验原理

霍普金森压杆实验简称SHPB实验，是建立在两个基本假定基础上的，一个是一维化假设，另一个是均匀化假设。由均匀化假设可得 $\varepsilon_t=\varepsilon_i+\varepsilon_r$。根据所测得的入射波 ε_i、反射波 ε_r 和透射波 ε_t，直接利用一维应力波理论得到试件材料的应变率 $\dot{\varepsilon}(t)$、应变 $\varepsilon(t)$ 和应力 $\sigma(t)$。

$$\dot{\varepsilon}(t)=-\frac{2c_e}{L_s}\varepsilon_r(t) \tag{6-1}$$

$$\varepsilon(t)=-\frac{2c_e}{L_s}\int_0^t\varepsilon_r(t')\mathrm{d}(t') \tag{6-2}$$

$$\sigma(t)=\frac{A_e}{A_s}E_e\varepsilon(t) \tag{6-3}$$

式中　A_s——试件的横截面积，m^2；

L_s——试件的长度，m；

A_e——输入杆或输出杆的横截面积，m^2；

E_e——输入杆或输出杆的弹性模量，MPa；

c_e——输入杆或输出杆的纵波速度,m/s;

$\varepsilon(t)$——应变阶跃函数;

t——时间,s;

t'——反射波对时间 t 的导数。

由公式可知,反射波决定了试件的应变变化,透射波能够反映岩石试件中的平均应力变化情况。

在 SHPB 动态实验中,岩石耗散的能量可用如下公式计算:

$$W_{ed} = W_i - (W_r + W_t) \tag{6-4}$$

式中 W_{ed}——试件消耗的能量;

W_i、W_r、W_t——入射波、反射波和透射波所携带的能量,即应力波能量,其计算公式为:

$$W = \frac{A_e c_e}{E_e}\int_0^t \sigma^2(t')\mathrm{d}t' \tag{6-5}$$

$$c_e^2 = \frac{E_e}{\rho_e} \tag{6-6}$$

在弹性范围内,c_e^2 由式(6-6)计算,其中 ρ_e 为压杆的密度。

实验仪器

霍普金森压杆的雏形是在 1914 年由霍普金森提出来的,当初只能够用来测量冲击载荷下的脉冲波形。1949 年,科尔斯基对该装置进行了改进,将压杆分成两截,试样置于其中,从而使这一装置可以用于测量材料在冲击荷载下的应力-应变关系。由于这一装置采用了分离式结构,因而被称为分离式霍普金森压杆。岩石霍普金森压杆实验系统如图 6-1 所示。

图 6-1 中岩石霍普金森压杆由撞击杆、入射杆、透射杆、吸收杆、气枪(或气炮)、测速仪(激光发射器和激光接收器)和数据采集单元组成。弹性撞击杆由高强度的钢材制成,杆的直径不宜小于 50 mm。入射杆和透射杆的长度应大于杆直径的 30 倍。

实验内容与步骤

1. 试样制备与要求

(1) 试样尺寸

试样宜为圆柱体,试样高径比宜为 1.0～2.0。含大颗粒结晶的岩样直径或边长应大于最大颗粒尺寸的 10 倍,并应符合《工程岩体试验方法标准》(GB/T 50266—2013)的要求。

(2) 试样要求

① 试样直径应略小于杆的直径。

② 试样两端面不平整度误差为±0.05 mm。

③ 端面应垂直于试样轴线,允许误差为±0.25°。

④ 同组试样数量应不少于 3 个。

(3) 试样素描和特征描述

试样素描和特征描述以明显特征优先为原则,并应包括下列内容:

① 岩样名称、颜色、矿物成分、最大颗粒直径(外观)、结构、风化程度、胶结物性质等。

② 岩样内层理、节理、裂纹分布及与加载方向的关系。

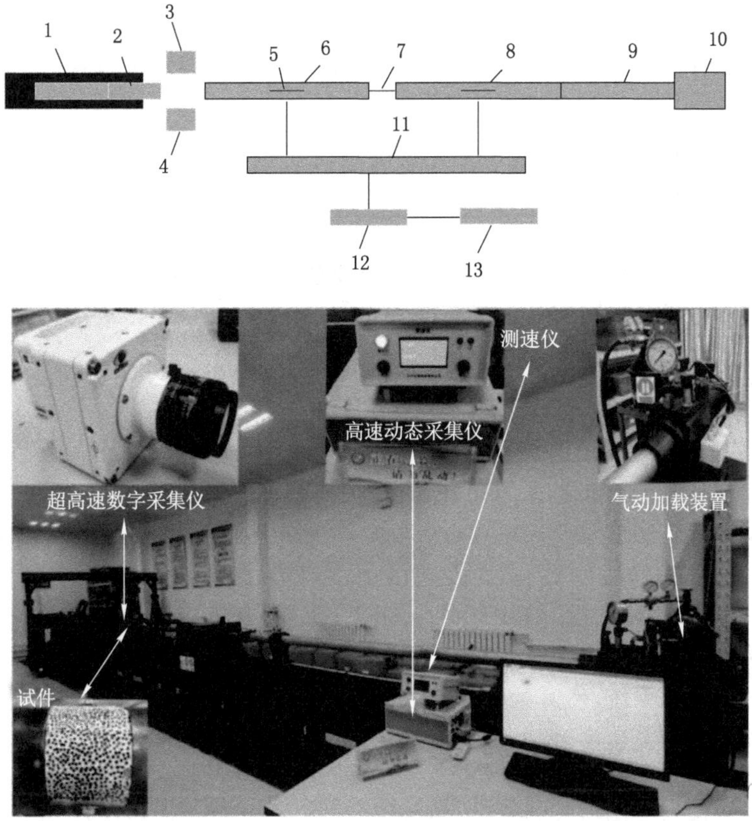

1—发射气枪；2—撞击杆；3—激光发射器；4—激光接收器；
5—电阻应变片；6—入射杆；7—试件；8—透射杆；9—吸收杆；
10—缓冲装置；11—超动态应变仪；12—波形存储器；13—数据处理系统。

图 6-1　岩石霍普金森压杆实验系统

③ 岩样加工质量，有无缺损现象。

④ 其他应描述的内容。

2. 仪器操作

(1) 加载设备

① 试样应放置在入射杆和透射杆中间，通过冲头撞击入射杆产生入射波(ε_r)，入射波与试样作用产生反射波(ε_r)和透射波(ε_t)。

② 实验信号应由对称粘贴于入射杆和透射杆中间的应变片获取，应变片栅长应不大于 2 mm。

③ 加载脉冲的持续时间通过改变冲头的长度来实现。

④ 为减少振荡和避免加载初期试样的受力不均匀，宜采用如下两种方法之一进行加载：

a. 纺锤形冲头法。通过制造具有纺锤形的冲头产生具有缓慢上升沿和无振荡的半正弦形入射波，适用于 ϕ50 mm SHPB 的纺锤形冲头。

b. 整形器法。在入射杆前端放置薄垫片，传统圆柱形冲头撞击后产生有足够上升沿的入射波；整形器可采用较软材质制成，如纯铜、铝或橡胶。

⑤ 为保证试样的近恒应变率加载或对加载波形重复性要求较高时，宜采用纺锤形冲头法。

(2) 测量仪器与记录设备

① 超动态应变仪通道数应大于 2，信噪比应不小于 40 dB，灵敏度(桥压 2 V)应不低于 0.1 V/100 $\mu\varepsilon$，数据采集频率应不小于 1 MHz。

② 瞬态数据采集仪(示波器)通道数应大于 2 个，采样频率应不低于 1 MHz。

③ 测量与记录设备应在有效计量期内。

3. 实验步骤

(1) 动态单轴抗压实验

① 实验前对 SHPB 系统进行校正，检查入射杆、透射杆和吸收杆是否水平对齐；必要时在未加载试样前提下进行空冲，无反射波出现，确认系统可靠。

② 采用动态标定法或应变仪系统自带标定装置对系统进行标定，标定系统电信号与应力信号之间的比例关系。

③ 将润滑剂均匀地涂在圆柱体试样两端减小摩擦，放入入射杆和透射杆之间，保证试样两个圆形端面与杆件端面紧密接触。

④ 检查数据采集系统，使其处于等待触发状态。

⑤ 根据设定的冲击速度，调整好冲击气压，发射冲头。

⑥ 检查实验波形，存储数据。

⑦ 描述试样破坏后的形态及特征，回收碎块。

(2) 动态劈裂抗拉实验

试样放置过程中，应在试样的两个侧壁涂抹润滑剂，然后将其放置在入射杆和透射杆之间，使得涂抹了润滑剂的试样两侧壁与杆件端面紧密接触。

(3) 动态三轴抗压实验

① 岩石动态三轴抗压实验在岩石动静组合加载实验机上进行。

② 将围压装置组合安装完毕并放于入射杆和透射杆之间。将润滑剂均匀地涂在试样两端，轻轻推入胶套内(胶套长度应大于试样长度)，调整入射杆、透射杆使试样紧密夹在两杆之间。实验开始时，首先以 0.05 MPa/s 的加载速率施加围压，加至预定压力值，然后进行冲击实验。

(4) 动静组合加载下岩石抗压实验

一维动静组合抗压实验需要在试样轴向施加一定静压后进行冲击；三维动静组合抗压实验需要在试样轴向和径向同时施加一定静压后进行冲击(轴向静压和径向静压可不同)。进行实验前，最大轴压和围压宜根据工程需要、岩石特性及实验机稳定性能选定。

(5) 动静组合加载下岩石劈裂抗拉实验

一维动静组合下岩石劈裂抗拉实验中，对试样施加一定静压后进行冲击。进行实验前，施加的静压宜根据工程需要、岩石特性及实验机稳定性能选定。

4. 数据计算

(1) 动态单轴抗压强度

利用式(6-7)求得试样的平均应力、应变和应变率随时间的变化,绘制相应曲线。根据同一时间下的岩石应力与应变值,获得应力-应变曲线。当试样产生破坏时,应力峰值点即为动态抗压强度。取岩石应力峰值点应变率作为动态抗压实验中的平均应变率。

$$\begin{cases}\sigma_s(t)=[\sigma_i(t)-\sigma_r(t)+\sigma_t(t)]A_e/(2A_s)\\ \varepsilon_s(t)=\dfrac{1}{\rho_e c_e L_s}\displaystyle\int_0^t[\sigma_i(t)+\sigma_r(t)-\sigma_t(t)]\mathrm{d}t\\ \dot{\varepsilon}_s(t)=\dfrac{1}{\rho_e c_e L_s}[\sigma_i(t)+\sigma_r(t)-\sigma_t(t)]\end{cases} \tag{6-7}$$

式中 $\sigma_s(t)$——试样应力,MPa;

A_e——弹性杆的截面积,mm^2;

A_s——试样的截面积,mm^2;

c_e——弹性杆中一维线性纵波的波速,m/s;

ρ_e——弹性杆的密度,kg/m^3;

$\sigma_i(t)$——入射应力,MPa;

$\sigma_r(t)$——反射应力,MPa;

$\sigma_t(t)$——透射应力,MPa;

$\varepsilon_s(t)$——试件应变;

$\dot{\varepsilon}_s(\mathrm{t})$——试件应变率,$s^{-1}$。

计算结果应取三位有效数字。

(2) 动态劈裂拉伸强度

利用式(6-8)求得试样中心承受的拉应力随时间的变化,绘制应力-时间曲线。当试样产生破坏时,峰值点即为动态劈裂拉伸强度。取应力峰值点加载率作为动态劈裂拉伸实验中的平均加载率。

$$\sigma_t(t)=\frac{2p(t)}{\pi DL_s}=\frac{A_e[\sigma_i(t)-\sigma_r(t)+\sigma_t(t)]}{\pi DL_s} \tag{6-8}$$

式中 $\sigma_t(t)$——试样中心承受的拉应力,MPa;

$p(t)$——试样整体承受的载荷,N;

L_s——岩样的长度,mm;

D——岩样的直径,mm;

A_e——弹性杆的截面积,mm^2。

其他符号意义同前。

计算结果应取三位有效数字。

(3) 动态三轴抗压强度

动态三轴抗压强度和应变率的计算方法应符合式(6-7)。

(4) 动静组合抗压强度

动静组合抗压强度和应变率的计算方法应符合式(6-7)。

(5) 动静组合劈裂拉伸强度

动静组合劈裂拉伸强度和加载率的计算方法应符合式(6-8)。

数据记录与处理

实验数据记录一般应包括以下内容：试样编号、试样尺寸与精度、试样描述、破坏形态、破坏载荷、实验人员和日期、实验仪器设备名称和型号、实验室温度等。实验数据按式(6-7)和式(6-8)处理。

注意事项

① 在设备使用期间禁止移动操作台以及支架。

② 气枪子弹发射前，确保子弹已经回位、轴承套已经拧紧，并且至少有一个缓冲装置。

③ 气枪子弹发射前，检查空压机是否发出工作的噪声，如果有噪声应等噪声过后再发射子弹，防止电磁阀对波形产生干扰。

④ 在总开关开启的情况下，尽量避免身体的任意部位出现在与压杆同轴的位置。

⑤ 压杆要轻拿轻放，压杆不用时要悬挂放置，防止压杆弯曲。

6.2 SEM 扫描电镜实验

扫描电子显微镜主要用于各种材料的微观成分分析，已成为材料科学、生命科学和各生产部门质量控制中不可缺少的工具之一。扫描电子显微镜与其他近代测试技术相结合，用来研究原材料的矿物结构形态与材料工艺、性能的关系；研究材料的微观结构、物相组成与其性能的关系；寻找改进材质的途径和研制预见性新材料，进行品质管理、异物分析、失效分析等工作。

实验目的

① 了解扫描电镜的基本结构与原理。

② 掌握扫描电镜样品的准备与制备方法。

③ 掌握扫描电镜的基本操作方法。

④ 了解扫描电镜图片的分析与描述方法。

实验原理

扫描电子显微镜是一种利用高能聚焦电子束扫描样品表面，从而获得样品信息的电子显微镜。实验时，使用电子束作为照明源，电子束在样品表面扫描，利用电子和物质作用借助电子光学原理成像。判断扫描电镜性能的主要依据有分辨率和有效放大倍数。

通常采用阿贝公式定义分辨率，公式为：

$$R=\frac{0.6\lambda}{n\sin\alpha} \tag{6-9}$$

式中 R——分辨率；

λ——波长；

n——折射率；

α——物镜孔半径。

有效放大倍数定义为：

$$M_e = \frac{R_p}{R_m} \tag{6-10}$$

式(6-10)中，R_p 为人眼能够区分的最小距离，R_m 为机器能够分辨的最小距离，比如人眼可以区分 0.2 mm，机器可以区分 1 nm，那么这台仪器的有效放大倍数是 20 万倍。针对不同的有效放大倍数，扫描范围也会有所区别。

实验仪器

扫描电镜主要由电子光学系统、真空系统和信号探测系统组成，具体分布如图 6-2 所示。

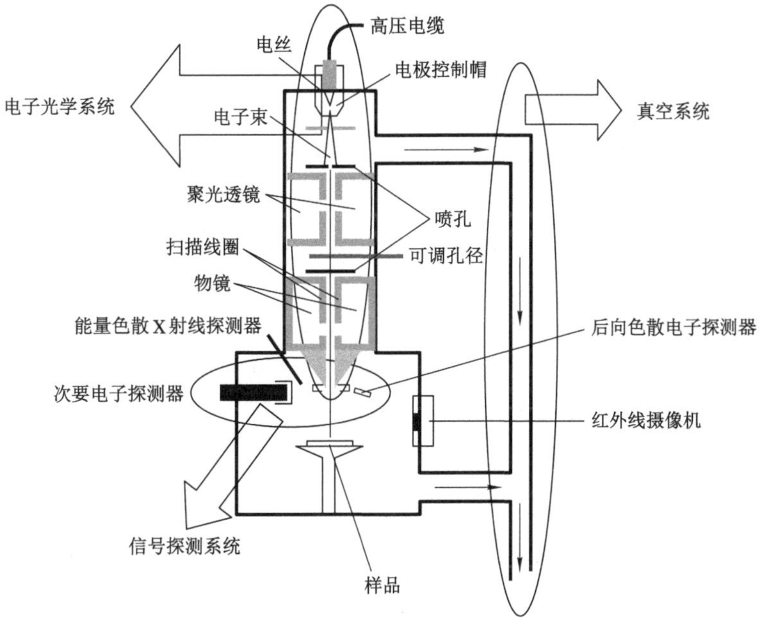

图 6-2　扫描电镜组成系统

1. 电子光学系统

电子光学系统是给扫描电镜提供一定能量可控且有足够强度的、束斑大小可调节的、扫描范围可根据需要选择的、形状对称的、稳定的电子束，主要由电子枪、电磁透镜、物镜光阑、扫描线圈组成，如图 6-3 所示。

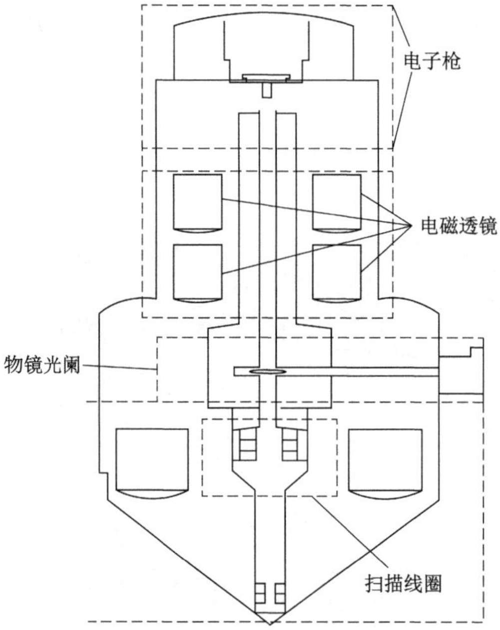

图 6-3　电子光学系统

电子枪为系统最上方的虚线框部分，4 个块状对应电磁透镜，中间虚线框部分为物镜光阑，在下部小虚线框内缠绕的为扫描线圈。

电磁透镜的作用是把电子枪的束斑逐渐缩小，通过改变流过铜线圈电流的大小来改变透镜汇聚电子束的能力。在电子运动过程中，只改变速度的方向，不改变速度的大小。

物镜光阑用于选择电子束的孔径角，控制束流大小和调节景深，如图 6-4 所示。根据实际需要，一般大光阑对应低分辨率和大电流，小光阑对应高分辨率，在光阑主轴上安装不同孔径的光阑，有旋钮调节方向。

扫描线圈主要用来产生偏转磁场，控制电子束扫描范围，决定了图像的放大倍数。电子束直径越小，分辨率越高，如图 6-5 所示。

2. 信号探测系统

在信号探测系统内，电子束与样品相互作用。根据材料的不同，采用不同电压和探测器，如二次电子探测器、背散射电子探测器、X 射线能谱或波谱、电子背散射仪等，其产生电子情况如图 6-6 所示。

电压不同，入射深度不同，产生的电子不同，可用以下公式(单位为 μm)表示：

$$R=\frac{0.276AE^{1.67}}{Z^{0.89}\rho} \tag{6-11}$$

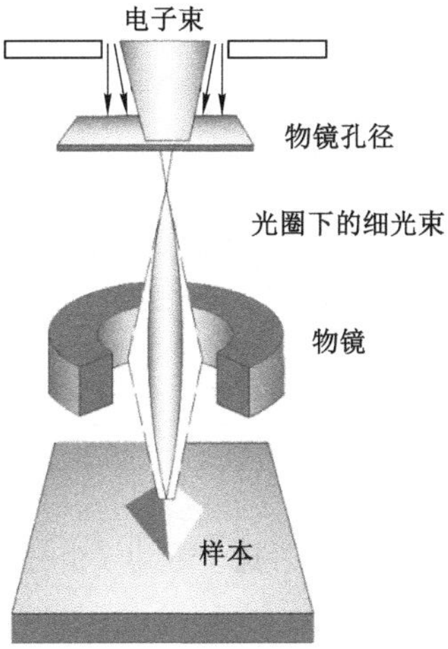

图 6-4　物镜光阑控制束流

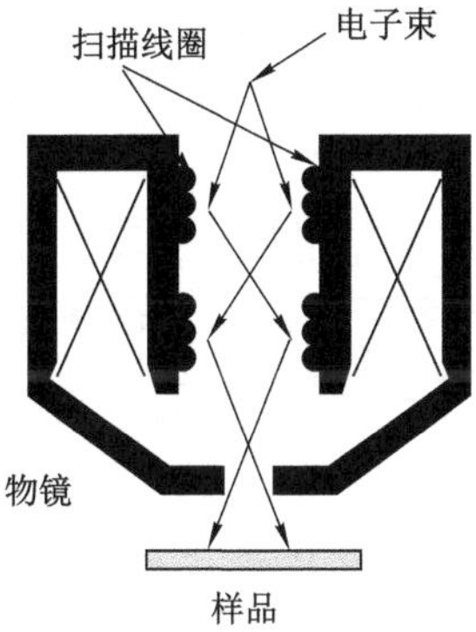

图 6-5　扫描线圈

式(6-11)中，A、Z、ρ 与被测样品有关，分别为质量数、原子序数和材料密度；E 为加速电压。由式(6-11)可以看出，加速电压越大，入射越深。

3. 真空系统

由图 6-6 可以看出，扫描电镜整体都处于真空系统下。待机时，实验室一般用高纯度氮气保护整个装置。镜筒的真空度直接影响钨灯丝的寿命。

实验内容与步骤

1. 试样制备

试样可以是块状也可以是粉末状，在真空中能保持稳定，含水试样应先烘干。表面受到污染的样品，要在不破坏试样结构的情况下清洗烘干。新断开的断口或断面，一般不需要进行处理，以免破坏断口或断面的结构形态。对磁性样品要求预先去磁，以免观察时电子束受磁场影响。

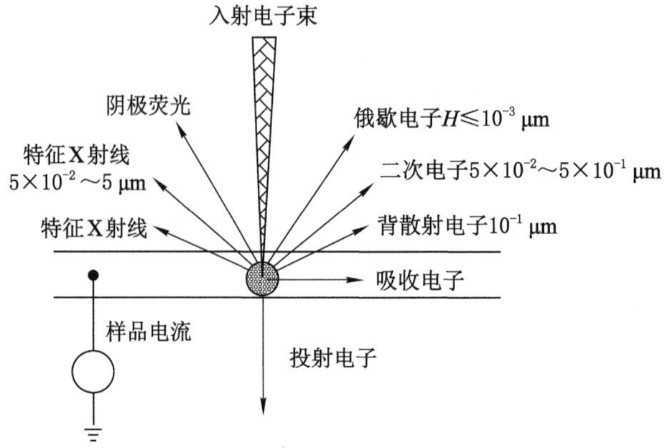

图 6-6　扫描产生电子情况

(1) 块状样品

对于导电样品,除了大小要适合仪器样品座尺寸外,基本不需要进行其他制备,用导电胶把样品粘在样品座上,即可放在扫描电镜下观察。

对于非导电或导电性差的样品,要进行镀膜处理,在材料表面镀一层导电膜,以避免在电子束照射下产生电荷积累,影响图像质量,并可以防止样品的热损伤。

(2) 粉末样品

需黏结在样品座上,黏结方法是:在样品座上先贴一层导电胶或火棉胶溶液,将试样撒在上面,待试样被粘牢后用吸耳球将表面未被粘住的样品吹去;也可将样品制备成悬浮液,滴在样品台上,待溶液挥发粉末就会附在样品座上。样品粘在样品座上,需再镀层导电膜,然后才能放在扫描电镜下观察。

2. 测试实验步骤

① 根据实验要求,将样品放在样品托上。

② 打开扫描电子显微镜样品室,将样品托安装在样品座上。

③ 关好样品室,对样品室抽真空。

④ 真空抽好以后,通过软件界面给灯丝加高压,进行样品观察。

⑤ 观察结束后,关闭灯丝电压,然后对样品室放气。

⑥ 取出样品,仪器恢复到初始状态,关闭电脑。

3. 实验结束

记录实验数据并关闭实验仪器。

数据记录与处理

① 记录并对试样表面析出相的组成进行分析。

② 对材料基质的组成成分进行分析。

注意事项

① 开机前检查实验室电源、温度和湿度等环境条件,当电压稳定、室温为(21±5) ℃左

右、湿度低于65%时才能开机。

② 开机时，首先打开地下室循环水器电源，稳定半小时，使得仪器能量达到最佳状态。

③ 测试红外光谱图时，先扫描空光路背景信号，再扫描样品文件信号，经傅里叶变换得到样品红外光谱图。根据需要，打印或者保存红外光谱图。

④ 保持实验室安静和整洁，不得在实验室内进行样品化学处理，实验完毕即取出样品室内的样品，样品室窗门应轻开轻关，避免仪器振动受损。

⑤ 关机时，先关闭仪器操作平台软件，再关闭仪器电源。

思考题

1. 实验样品为什么需要在实验前镀导电膜？

2. 如何分析试样表面的组成成分？

第7章 软岩力学特性实验*

软岩是一种特定环境下具有显著塑性变形的复杂岩石力学介质，其基本力学理论和方法迫切需要深入研究。

软岩问题一直是困扰隧道运行和建设的重大难题之一。每年约有800万m的巷道在软弱围岩中开掘，随着开挖深度的增加，软岩问题愈趋严重，直接影响工程安全生产，危及人身安全。通过科学的实验判定软岩两个基本力学属性——软化临界荷载和软化临界深度，从而判断是否属于软岩工程，对于准确地实施工程设计极为重要。

7.1 软岩的基本属性

软岩之所以能产生显著塑性变形，是因为软岩中的泥质成分和结构面控制了软岩的工程力学特性，一般说来，软岩具有可塑性、膨胀性、崩解性、分散性、流变性、触变性和离子交换性等。

7.1.1 可塑性

可塑性是指软岩在工程力的作用下变形，去掉工程力之后这种变形不能恢复的性质。低应力软岩、高应力软岩和节理化软岩的可塑性机理不同，低应力软岩的可塑性是由软岩中泥质成分的亲水性和结构面扩容共同引起的。

节理化软岩的可塑性变形是由于软岩中的缺陷和结构面扩容共同引起的，与黏土的矿物成分吸水软化的机制没有关系。描述结构面扩容，一般用塑性扩容内变量θ_p，这方面的研究尚待进一步深入。高应力软岩的可塑性变形机制比较复杂，前述两种机制(结构面扩容机制和黏土矿物吸水软化机制)可同时存在。

7.1.2 膨胀性

软岩在力的作用下或在水的作用下体积增大的现象，称为软岩的膨胀性。根据产生的膨胀性机理，膨胀性可分为内部膨胀性、外部膨胀性和应力扩容膨胀性三种。

内部膨胀性是指水分子进入晶胞间而发生的膨胀。在常温下观察蒙脱石的层间水状态，则可见到其层间呈平行水分子并有规则的层面排列。与水继续作用则水分子层相继在层间平等堆积，扩大层间距离。

外部膨胀性是极化水分子进入颗粒与颗粒之间产生的膨胀性。因为黏土矿物都是层状硅酸盐，所以其表面积主要是底表面积。也就是说，水主要存在于小薄片之间，并使其膨胀，这种膨胀性称为外部膨胀性。

扩容膨胀性是软岩受力后其中的微裂隙扩展、贯通而产生的体积膨胀现象，故亦称应力扩容膨胀性。如果说内部膨胀是指层间膨胀、外部膨胀是指粒间膨胀的话，那么扩容膨胀则是集合体系间或更大的微裂隙的受力扩容。

7.1.3 崩解性

低应力软岩和高应力软岩、节理化软岩的崩解机理是不同的。低应力软岩的崩解性是软岩中的黏土矿物集合体在与水作用使膨胀应力不均匀分布造成的崩裂现象；高应力软岩和节理化软岩的崩解性则主要表现为在航道工程力的作用下，由于裂隙发育的不均匀造成局部张应力集中引起的向空间崩裂、片帮的现象。

7.1.4 流变性

岩石特性的时间效应是由岩石材料的性质所决定的，尤其是软岩。从广义来上说，岩石的力学特性也就是岩石的流变力学特性。软岩是一种流变材料，具有流变特性材料的力学性状行为是流变学的研究范畴。流变性又称黏性，是指物体受力变形过程与时间有关的变形性质。软岩的流变性包括弹性后效、流动、结构面的闭合和滑移变形。流动又可分为黏性流动和塑性流动。

7.1.5 易扰动性

软岩的易扰动性是指由于软岩软弱、裂隙发育、吸水膨胀等特性，导致软岩抵抗外界环境扰动的能力极差。对卸荷松动、施工振动、邻近巷道施工等扰动极为敏感，而且具有吸湿膨胀软化、暴露风化的特点。

7.2 软岩的定义和分类

7.2.1 软岩的定义

软岩是软弱不良岩层的简称。我国煤炭系统于 1984 年召开过矿山压力名词专题讨论会，初步将软岩定义为“强度低，空隙大，胶结程度差，受构造切割面及风压影响显著或含有大量膨胀黏土矿物的松、散、软、弱岩层”。1996 年，煤炭工业部在龙口召开了全国煤炭软岩工程学术讨论会，总结了我国 10 多年的软岩工程经验，但就软岩的命名和概念国内外仍无统一的意见。为此，何满潮院士曾发表论文对软岩的概念及分类做了明确阐述，他认为根据理论研究和工程应用的目的，软岩可以分为地质软岩和工程软岩，并分别进行了定义。

地质软岩是指单轴抗压强度小于 20 MPa 的松散、破碎、软弱及风化膨胀性一类岩体的总称，是按地质学的岩性划分的结果，该类岩石是天然形成的复杂地质介质。但何满潮院士同时指出，该软岩定义用于工程实践中会出现矛盾，如巷道所处深度足够小、地应力水平足够低时，小于 25 MPa 的岩石也不会产生软岩的特征；相反大于 25 MPa 的岩体工程部位足够深、地应力水平足够高，也可以产生软岩大变形、难支护的现象。可见，地质软岩的定义不能用于工程实践。

工程软岩是指在工程力作用下能产生显著塑性变形的工程岩体。这里的工程力是指作用在工程岩体上的力的综合，它可以是重力、构造残余应力、水的作用力和工程扰动力以及膨胀应力等；工程岩体是软岩工程的主要对象，是巷道、边坡、基坑开挖扰动影响范围之内的岩体，包括岩块、结构面及其空间组合特征；显著塑性变形是指塑性变形为主体的变形量超过了工程设计的允许变形值并影响了工程的正常使用。

由地质软岩和工程软岩定义的对比可以看出，在工程实践中应以工程软岩的定义进行判定。

7.2.2 软岩的分类

根据软岩强度特性、泥质含量、结构面特点、塑性变形力学特点差异很大及产生显著塑性变形的机理，软岩可分为四大类：膨胀性软岩（也称低强度软岩）、高应力软岩、节理化软岩和复合型软岩，且每一类型又分为许多级别，见表 7-1。

表 7-1 软岩的分类

软岩名称	抗压强度/MPa	泥质成分含量	结构面	塑性变形特点
膨胀性软岩	＜25	＞25%	少	工程力作用下沿片架状硅酸盐黏土矿物产生滑移，遇水显著膨胀
高应力软岩	＞25	＜25%	少	遇水少许膨胀，高应力状态下沿片架状黏土矿物发生滑移
节理化软岩	≥25	不含	多组	沿节理等结构面产生滑移、扩容等塑性变形
复合型软岩	低～高	≤25%	少～多组	具有上述某种组合的复合型机理

(1) 膨胀性软岩分级

膨胀性软岩(Swelling Soft Rock，简称 S 型)，是指含有黏土高膨胀性矿物在较低应力水平(＜25 MPa)条件下即发生显著变形的低强度工程岩体。例如，通常软岩定义中所列举的软弱、松散的岩体，膨胀、流变、强风化的岩体以及指标化定义中所述的抗压强度小于 25 MPa 的岩体，均属低应力软岩的范畴。

产生塑性变形的机理是片架状黏土矿物发生滑移和膨胀。在实际工程中，一般的地质特点是泥质岩类为主体的低强度工程岩体。由于低应力软岩的显著特征是含有大量黏土矿物且具有膨胀性，因此，根据低应力软岩的膨胀性大小可以分为：强膨胀性软岩(自由膨胀变形＞15%)、中膨胀性软岩(自由膨胀变形 10%～15%)和弱膨胀性软岩(自由膨胀变形＜10%)。根据矿物组合特征和饱和吸水率两个指标可细分为三级，详见表 7-2。

表 7-2　膨胀性软岩分级

名称	蒙脱石含量/%	干燥饱和吸水率/%	自由膨胀变形量/%
弱膨胀性软岩	<10	<20	>15
中膨胀性软岩	10～30	20～50	10～15
强膨胀性软岩	>30	>50	<10

(2) 高应力软岩分级

高应力软岩(High Stressed Soft Rock,简称 H 型),是指在较高应力水平(>25 MPa)条件下才发生显著变形的中高强度的工程岩体。这种软岩的强度一般高于 25 MPa,其地质特征是泥质成分较少,但有一定含量,砂质成分较多,如泥质粉砂岩、泥质砂岩等。它们的工程特点是:在深度不大时表现为硬岩的变形特征;当深度加大至一定深度以下,就表现为软岩的变形特性了。其塑性变形机理是:处于高应力水平时,岩石骨架中的基质(黏土矿物)发生滑移和扩容,此后再接着发生缺陷或裂纹的扩容和滑移塑性变形。

根据高应力类型不同,高应力软岩可细分为自重高应力软岩和构造高应力软岩。前者的特点是与深度有关,与方向无关;后者的特点是与深度无关,而与方向有关。根据应力水平分为三级,即高应力软岩、超高应力软岩和极高应力软岩,详见表 7-3。

表 7-3　高应力软岩分级

名称	应力水平/MPa
高应力软岩	25～50
超高应力软岩	50～75
极高应力软岩	>75

(3) 节理化软岩分级

节理化软岩(Jointed Soft Rock,简称 J 型),是指含泥质成分很少(或几乎不含)的岩体,发育了多组节理,其中岩块的强度颇高,呈硬岩力学特性,但整个工程岩体在巷道工程力的作用下则发生显著的变形,呈现出软岩的特性。其塑性变形机理是:在工程力作用下,结构面发生滑移和扩容变形。此类软岩可根据节理化程度不同,细分为镶嵌节理化软岩、碎裂节理化软岩和散体节理化软岩。根据单位面积节理组数和完整性系数两个指标将其细分为三级,即较破碎软岩、破碎软岩和极破碎软岩,详见表 7-4。

表 7-4　节理化软岩的分级

名称	单位面积节理组数/(条/m^2)	完整性系数
较破碎软岩	1～3	0.55～0.35
破碎软岩	≥3	0.35～0.15
极破碎软岩	无序	<0.15

(4) 复合型软岩分级

复合型软岩是指上述三种软岩类型的组合，即：高应力-强膨胀复合型软岩，简称 HS 型软岩；高应力-节理化复合型软岩，简称 HJ 型软岩；高应力-节理化-强膨胀复合型软岩，简称 HJS 型软岩。

7.3 软岩的室内常规力学特性实验

软岩的室内常规力学特性实验方法与第 4 章中的各室内力学特性实验方法相同。软岩是固体相、液体相、气体相三项组成的多相耦合体，所表现出的力学特性与硬岩不甚相同，实验所得到的应力-应变曲线特点也不相同。本节就软岩的单轴抗压特性和三轴抗压特性实验做简要介绍。

7.3.1 软岩单轴抗压特性

软岩的单轴抗压特性实验方法与第 4 章中的单轴抗压强度实验方法相同，通过单轴抗压实验可以得到多种软岩的力学特性指标，如弹性模量、泊松比、单轴抗压强度、单轴应力-应变曲线以及应力-体积变形曲线等。与硬岩相比，软岩的单轴抗压特性实验中没有完全的弹性阶段，即使在很低的应力水平上也能测得一定的塑性变形。在整个变形过程中，有较明显的体积变形，体积变形经历压缩和膨胀两个阶段。在软岩单轴抗压实验中，岩石开始有明显的体积压缩，压缩变形速度随荷载增加逐步变小，接近抗压强度极限时产生较明显的体积膨胀现象。

已有的软岩单轴抗压实验表明，一般软岩的单轴抗压强度为 5～60 MPa，弹性模量为 10～15 GPa，泊松比为 0.25～0.35。

7.3.2 软岩三轴抗压特性

软岩的三轴抗压特性实验可以测得多项强度指标，如内聚力 c 和内摩擦角 φ 等，是确定软岩强度的必要实验依据。

在没有围压情况下，要得到软岩的全应力-应变曲线是非常困难的，随着围压的增大，软岩应力峰值会不断提高，残余强度也会有所增加，如图 7-1 所示。由大量实验统计可知，软岩的内聚力在 0～5 MPa，内摩擦角在 15°～26°。

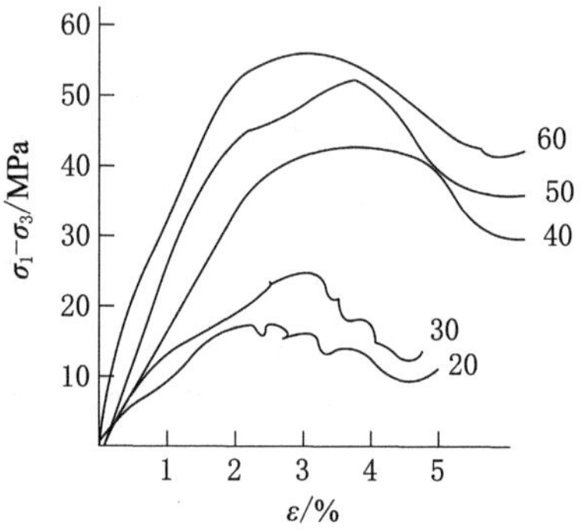

图 7-1　软岩三轴应力-应变曲线

参 考 文 献

[1] 蔡美峰.岩石力学与工程[M].2 版.北京:科学出版社,2013.
[2] 长江水利委员会长江勘测规划设计研究院.水利水电工程钻孔抽水试验规程:SL 320—2005[S].北京:中国水利水电出版社,2005.
[3] 长江水利委员会长江科学院.工程岩体分级标准:GB/T 50218—2014[S].北京:中国计划出版社,2015.
[4] 长江水利委员会长江科学院,水电水利规划设计总院,中国电力企业联合会.工程岩体试验方法标准:GB/T 50266—2013[S].北京:中国计划出版社,2013.
[5] 付志亮.岩石力学试验教程[M].北京:化学工业出版社,2011.
[6] 韩宇峰,王兆会,唐岳松.劈裂实验中不同岩石力学行为特征[J].中国矿业大学学报,2020,49(5):863-873.
[7] 何满潮,景海河,孙晓明.软岩工程力学[M].北京:科学出版社,2002.
[8] 侯公羽.岩石力学高级教程[M].北京:科学出版社,2018.
[9] 黄正均,任奋华,李远,等.不同试验方法下岩石抗拉强度及破裂特性[J].实验技术与管理,2020,37(10):45-49.
[10] 李俊平.矿山岩石力学[M].2 版.北京:冶金工业出版社,2017.
[11] 刘泉声,赵怡凡,张晓平,等.灰岩隧道掘进机隧道点荷载试验评价岩石强度方法的研究与探讨[J].岩土力学,2018,39(3):977-984.
[12] 刘佑荣,吴立,贾洪彪.岩体力学实验指导书[M].武汉:中国地质大学出版社,2008.
[13] 刘跃东,林健,冯彦军,等.基于水压致裂法的岩石抗拉强度研究[J].岩土力学,2018,39(5):1781-1788.
[14] 宁建国.岩体力学[M].北京:煤炭工业出版社,2014.
[15] 王连山,孙东生,郑秀华,等.三种典型岩石单轴抗压强度的尺寸效应试验研究[J].地质力学学报,2017,23(2):327-332.
[16] 王琦,秦乾,高松,等.数字钻探随钻参数与岩石单轴抗压强度关系[J].煤炭学报,2018,43(5):1289-1295.
[17] 吴顺川.岩石力学[M].北京:高等教育出版社,2021.
[18] 张茂础,盛谦,崔臻,等.岩石材料抗拉强度与劈裂节理面形貌的加载速率效应研究[J].岩土力学,2020,41(4):1169-1178.
[19] 张元胤,李克钢.几种岩石点荷载强度与单轴抗压强度的相关性[J].金属矿山,2017(2):19-23.